天鹅之痛

中国野生鸟类
行摄手记

修订版

陈晓东◎著·摄影

科学出版社

本书的出版得到了杭州野生动物世界
总经理张德全先生的鼎力支持！

图书在版编目（CIP）数据

天鹅之痛：中国野生鸟类行摄手记 / 陈晓东著 . —修订
本 . —北京：科学出版社，2015
ISBN 978-7-03-043770-9

Ⅰ.①天… Ⅱ.①陈… Ⅲ.①野生动物—鸟类—普及读物
Ⅳ.①Q959.7-49

中国版本图书馆CIP数据核字（2015）第051369号

责任编辑：侯俊琳 霍羽升 张 凡 王昌凤
责任校对：赵桂芬
责任印制：李 彤 / 封面设计：可圈可点工作室
设计制版：北京美光设计制版有限公司

科 学 出 版 社 出版
北京东黄城根北街 16 号
邮政编码：100717
http://www.sciencep.com
北京虎彩文化传播有限公司 印刷
科学出版社发行 各地新华书店经销
*
2015年4月第 二 版 开本：787×1092 1/16
2022年6月第三次印刷 印张：8 3/4
字数：151 000

定价：58. 00 元

（如有印装质量问题，我社负责调换）

序

　　鸟类，是大自然的精灵，拥有一对能够对抗地心引力的神奇翅膀，让它们能够在天空中自由地飞翔。

　　经过千百万年的演替和进化，鸟类已经成为地球大家庭的重要成员。它们种类繁多，分布广泛，具有独特的生存方式和生活习性。据统计，历史上曾经存在过大约10万种鸟。而令人遗憾的是，幸存至今的不到十分之一。人类活动对鸟类栖息地的侵犯和破坏、乱捕滥猎等因素，对鸟类的生存构成了巨大威胁。

　　对于大多数人来说，鸟类依然是陌生的、神秘的、奇异的。人们日常目力所及能看到的鸟类非常有限，也无法去深度感知它们无以伦比的美丽。我们要感谢摄影师这一独特的群体，是他们不辞艰辛，用手中的镜头，将鸟类的秀美凝固在一瞬间，让我们能够细致地品味鸟类的无穷魅力。

　　我非常喜欢这本书。每一张照片都让我为之动容，特别是那张拖着夹子飞翔的天鹅的照片让我陷入了沉思。我惊叹它顽强的生命力，同时更为人类无情伤害它的行为感到伤心。我能感受到那只天鹅承受着巨大痛苦，但依然向往着美好的生活。

　　本书作者陈晓东先生用他朴素的语言和大量的照片，为我们讲述了他多年拍鸟的经历，其中有爱鸟人看到鸟儿的喜悦和满足，有护鸟志愿者的艰辛和不易，也有对盗猎者的口诛笔伐。

　　这本书还记录了大量摄影师亲眼目睹的鸟类故事。我喜欢看照片中鸟儿的眼睛，我总是忍不住要赞叹，在那覆盖着美丽羽毛的、轻灵的身躯中，包裹着向往自由的灵魂，包裹着与我们人类一样丰富、复杂和精彩的内心世界。在鸟类的世界中，不乏夫妻之情、母子之爱、团队的互助以及每只鸟儿的喜、怒、哀、乐。这些故事总是能牵动读者的心。

　　我相信，人们对鸟类的了解越多，就会越喜爱这些精灵般美丽的生命。有爱，就有呵护。愿这本爱鸟之书，能够给读者带去美的体验，唤起更多人参与鸟类的保护。愿它们生生不息，与人类世代相伴、和谐共处。

中国野生动物保护协会副秘书长　李青文

2015年2月

自序

还记得，五年前，当我第一次带着低端相机去山西平陆拍摄天鹅时的惊喜和兴奋，那种展翅飞翔的自由和洁白无瑕的美丽让我终身难忘。

还记得，当我在湿地外围拍摄时，遇见的一对凤头䴙䴘母子和在圆明园看到的黑天鹅一家五口，那种母爱的伟大与天伦之乐的温馨也让我深深感动。

还记得，当我在偶然间碰到一只带着夹子艰难飞行的天鹅，以及被网住而丧命的啄木鸟时，那种心酸和心痛的感觉更是刻骨铭心。

……

正是这种爱和痛的复杂心情，让我开始有了写一本书的想法。从开始摄影到本书成稿，已经过去了五年。在这几年的追寻和拍摄过程中，我渐渐体会到，拍鸟不能只追求拍到更多种类的鸟，也不能只追求照片的艺术性，那样顶多只能算是一种自我娱乐罢了。我希望通过这些年来我拍摄的鸟儿的照片，向人们展示鸟儿的美丽和大自然的魅力，也希望通过照片中对野生鸟类生存状况的真实披露来呼唤更多的人们去关注鸟类，去自觉地保护环境。因此，我在拍摄照片以及撰写本书的时候，既要展现照片中美的一面，也要让读者看到那些丑的一面，更要关注和揭露一些不法行为。我觉得，只有这样的真实，才能让这些图片带有生命力，才能让本书给读者带来一些感官上的享受和心灵上的启示。

当今，人类生产活动正对我们的大自然产生着前所未有的影响，野生鸟类的生存环境正承受着巨大的威胁。怎样才能在经济高速发展的同时又保护好鸟类和生态平衡，保护好环境，构建和谐社会，是科学发展的重要问题，也是我们每一个人都应该思考的问题。如果这本小册子，能够为保护鸟类、呼唤环境保护尽到一点绵薄之力的话，那我将欣慰之至。

回想起这五年的追寻和拍摄过程，有着几分快乐，有着几分感悟，也有着几分艰辛。毕竟拍鸟不是一件容易的事，尤其是对于我而言，有很多与鸟相关的知识需要学习和观察。因此，我边拍、边学习、边思考、边修正自己的拍摄路径。此外，除去等待和找寻的困难不说，有许多时候甚至还会有生命危险，但当我看到一张张美丽的鸟儿照片和揭露那些丑陋行为的画面时，尤其是想到我做的这一切也许能让更多的人加入到保护鸟类的行列中时，所有的艰辛便立刻烟消云散了，而这些照片也激励着我一次次迈上新的拍鸟征程。

在本书顺利付梓时，我不由得想起那润物之春雨、催花之东风，感激之情油然而生！在此，我由衷地感谢那些为保护鸟类和它们的生存环境做出努力的人们！感谢给我大力帮助的国家林业局的刘国强院长、鸟类专家张词祖、作家张植信、诗人朱小平、摄影批评家鲍昆、摄影家吴鹏、摄影评论家李树峰等老师和所有同行们！感谢支持我的家人和朋友们！北京动物园的张金国先生和乔轶伦先生、在校大学生金小玲和王晓林同学也给予了很多支持，在此一并致谢！此外，还要感谢科学出版社科学人文分社的侯俊琳社长和张凡编辑为本书的出版所做的细致工作。

由于我的学识和能力所限，时间也比较仓促，书中难免有些纰漏和缺憾。在此，诚恳欢迎专家和广大读者不吝赐教，以便本书有机会再版时，进行补充和修正，进而使本书臻于完善。

陈晓东

2011年12月10日于北京

目 录

序
自序

第1章　艰难迁徙路

1 **忠贞的天鹅** 002　　　辉映古园林 018
　终身的伴侣 002　　　库区迎常客 019
　美妙的画卷 003　　　偶遇黑天鹅 019
2 **路上的危险** 006　　　幸福鹅一家 020
　近距离拍摄 006　　4 **痛心的回忆** 023
　告别呋喃丹 012　　　为她而伤心 023
　护鹅新举措 013　　　失恋的天鹅 023
3 **难忘的旅途** 017　　　带着夹子飞 024
　晨落天鹅湖 017

第2章　在云中起舞

1 **独恋你的唯美** 029　　　给力保护 040
　飞越晨晖 029　　　饮水之困 041
　鸭鹤共舞 033　　3 **追逐你的身影** 043
　寻找白头鹤 034　　　四口之家 043
2 **寻觅你的片段** 037　　　一路拾零 044
　走近白鹤 037　　　鹤群斗鹰 047

第3章　捕获各有道

1 鸟以食为天　　　052

　鹭伫桥边　　　053

　白鹭捕鱼　　　054

　草鹭吃鱼　　　054

　和谐画面　　　055

　鸥鹭夺鱼　　　055

　路边发现　　　056

　苍鹭百态　　　057

　夜鹭筑巢　　　058

　黑鹳翱翔　　　059

2 捕食也危险　　　062

　垃圾背后　　　062

　苍鹭长眠　　　063

3 和人类共存　　　064

　聪明的鸟　　　064

　生态办公　　　065

　救助池鹭　　　065

第4章　拾零海边情

1 原生态的真情　　　071

　永不抛弃的伟大　　　071

　亲情演绎的幸福　　　072

　爱情升华的交合　　　073

2 同一片天空下　　　075

　电厂怀揣的小温柔　　　075

　渔村网罗的小浪漫　　　076

　车儿故意的小邂逅　　　076

　漂泊荡漾的小港湾　　　077

　发人深省的大工程　　　078

　擦身而过的小和谐　　　079

3 大海边的翔姿　　　080

　黑白翻转的瞬间　　　080

　俯冲而下的潇洒　　　080

　漫漫天际的热闹　　　081

　天生的短跑健将　　　082

4 那折翼的天使　　　084

　酒瓶漂泊的无奈　　　084

　海水变白的乌龙　　　085

　土地枯干的零落　　　086

　不再醒来的哀伤　　　087

第5章　网罗百千态

1 取食各有道 089
倒挂的金钟 089
探索的勇敢 090
与人类抢食 091
扇衣俯冲式 091
2 吃相大不同 093
狼吞虎咽 093
嘴脚并用 093
清高优雅 097

3 美丽万千态 099
最佳造型奖 099
最佳仪态奖 105
4 歌声各有妙 108
谁奏的天堂曲 108
谁勾的五线谱 109
5 红颜多薄命 111
被误杀的红嘴蓝鹊 111
死在网中的啄木鸟 112

第6章　闲谈世间情

1 温馨的亲情 114
伟大的母爱 115
爸爸的关爱 117
雏鸟的等待 119
2 鸟儿也疯狂 120
优雅舞姿的上映 120

不期而遇的心疼 121
身临其情的喜悦 121
大小搭档的和乐 126
3 无怨无悔的追求 128

第 1 章

艰难迁徙路

静静地和你作伴
我靠着栏杆
就这样
不知何时偷偷扯动了我嘴角
你淡淡的呼吸长了羽翼
光线霎时变得神秘而又安详
叶子给了太阳一个拥抱
忘了此次旅途的目的
不然你怎肯沉沉般地休憩
阳光下你的梦一定浪美丽
催眠了闪光灯的瞬间
你驻足栖息的温柔
浪靠近 还能听见你的呼吸
在你飞落之际
挽留你欲去的脚步
枝丫凌乱了光线的格局

1 忠贞的天鹅

终身的伴侣

　　据说天鹅①保持着一种稀有的"终身伴侣制",一旦确立关系,便会情定终身。它们不仅在繁殖期彼此相互陪伴,平时也是成双成对。它们时而一起觅食,时而一起飞翔,时而一起降落……就是落在冰面上也会相互依偎着、交流着,就像两朵美丽而又纯洁的白莲浮在冰面上。它们在生活中相濡以沫,互相扶持。等有了宝宝之后,它们很多的行动就会围绕着宝宝而展开:它们会一起带着宝宝练习飞行,教它们如何捕食。要知道,天鹅是十分"护家"的动物,它们会对外来的干扰保持着十分高的警惕,即使是同类之间,也会因为领地和争抢食物而经常发生争端。宝宝的爸爸妈妈总会全力抵御外来的侵害来保护宝宝的安全,维护自己的家庭利益。每年天气变冷时,它们就要举家南迁,而到了天气转暖时,它们又会举家北迁。对于以家庭方式群居的天鹅而言,每次迁徙时,全家都会整体行动,一个都不能少。

1 天鹅

雁形目 鸭科

大型水禽之一,全世界共有7种。天鹅体形优美,体坚实、颈长、脚大,在水中滑行时神态庄重。飞翔时长颈前伸,缓缓地扇动双翅。越冬迁飞时在高空组成斜线形或"人"字形前进。

天鹅母子

天鹅一家

成双成对

美妙的画卷

喜欢拍摄鸟的人，无一不想将鸟儿孵化、育雏、繁衍的美妙过程记录下来。但在拍摄中，既要拍好这样的画面，又要保护鸟的生存环境不遭受破坏，绝非易事。于是，长镜头和伪装设备成了拍摄的必备。

听说5月份有天鹅在新疆赛里木湖进行孵化，我正巧于2011年5月来到这里。但事与愿违，这年在湖边只见到几只游弋的天鹅，天鹅观景点的大牌子却十分明显。人类的光顾，显然不适合它们的孵化，只会使它们躲到更远的地方去。这一遗憾，到我回京后才得到弥补。

下面这张天鹅孵化的画面就是我的战友李伟于2010年在新疆的赛里木湖畔拍摄的。一只雌性天鹅正在那里孵化它的宝宝，雄性天鹅则在周边巡逻站岗，保护着心爱的妻子和即将出世的宝宝。背后湖水清清，高山白雪皑皑，俨然一副美妙的画卷。

一只雌性天鹅正在那里孵化它的宝宝，雄性天鹅则在周边巡逻站岗，保护着心爱的妻子和即将出世的宝宝。
（李伟 摄）

2 路上的危险

近距离拍摄

　　2006年年底，我途经陕西与山西结合部时，本想一睹天鹅的倩影，却正赶上大雾，拍摄的效果可想而知。为了弥补缺少天鹅特写的遗憾，我一直在寻找机会去近距离拍摄，也期望能实现与天鹅的亲密接触。

　　2007年元旦前的一周，我开始天天关注黄河边的天气变化，当从网上查知当地元旦是晴天时，我便按捺不住心中的激动，早早地整理好御寒衣物和摄影器材，赶到了山西运城平陆的黄河边。

冰面的精灵

我在平陆黄河边

　　到达目的地后，我沿河岸边走边观察，很快就看到有七八只白色的天鹅在黄河上嬉戏。因为是平生第一次在动物园外看到天鹅，兴奋的我立即拿起佳能20D相机（配50～500mm适马头）直冲向河边。真所谓"心急吃不了热豆腐"，我太想靠近天鹅了，结果却把天鹅全给吓跑了。正在郁闷之时，不知从哪来了个叫老张的人，佩戴着红袖标，对我来此的目的进行了仔细"盘查"，但当听说我是从北京赶来拍天鹅并想保护它们之后，他竟主动提出要带我们去最佳拍摄点。

　　车子行驶了大约五六分钟，便听到了天鹅的叫声，随之叫声越来越大，越来越清晰。这时老张说，快到了！不过要近距离拍摄的话，就必须换上他的车，因为天鹅只对他和他的车比较熟悉，别人的车会吓跑天鹅。听他这么说，我立即照办，改乘他的客货皮卡，同时做好拍摄前的准备。皮卡在慢慢地往前开，当到达一处水面较宽的地段时，我顿时被眼前的景象惊呆了：宽阔的水面上，一群群洁白的天鹅，在悠闲地游荡，就像朵朵白絮在水面上随风漂流。它们不停地鸣叫着，也许是在对唱情歌，也许是在谈情说爱，也可能是在相互争辩……可以说，这是我从未听到过的"天鹅交响曲"，是那么动听和令人震撼。偌大的水面上，天鹅大都是成群结队地在一起活动，少则七八只一群，多则几十只甚至上百只一起。但有趣的是，无论大群还是小群，在离群体五六米

湖面掠影

的地方总会有一只天鹅，始终伸着长长的脖子，一刻不停地四处张望，我猜大概是"哨兵"。可能正是由于"哨兵"的存在，其他的天鹅可以十分悠闲地在水面上交谈和嬉戏：有的天鹅将头埋在翅膀里安然地休息，有的天鹅则在悠然自得地梳理着自己的羽毛，有的天鹅则相互依偎着，有的在寻觅食物，有的在练习飞行，有的家族之间似乎还闹了点小纠纷……

　　看了很长时间后，我发现，差不多每过一个固定的时间，鹅群中就会游出一只天鹅来替换站岗的那个"哨兵"。作为军人的我，也不得不佩服天鹅的纪律性！而且，只要周围稍有点异常，"哨兵"就会立即发出信号，鹅群马上就会整体往相对安全的地方快速游动转移；如果"哨兵"认为十分危险，它就会边叫边用双脚拼命地拍打着水面，并用力猛扇双翅，向空中快速飞去，而其他的天鹅也就会立即跟随哨兵，昂首起飞；天鹅的飞行速度很快，并且能迅速在空中形成飞行编队，有时排成"一"字形，有时排成"人"字形，一切都是那么自然和充满效率。有一点是明确的，为保存实力，体力强壮的飞在队伍最前面，依次排开，队伍最后面也是体质最弱的。

　　黄河全长约5400公里，由于在流经小浪底时经受了冲沙作用，到达三门峡和平陆县时，黄河河面开始变宽、水流开始变缓，河沙在此得到了进一步的沉淀，河水也开始变清。另外，河岸方圆几千亩的滩地上，种满了各种农作物。据当地人讲，自20世纪70年代初起，每年的11月底12月初天鹅便陆续迁徙来

天鹅群和哨兵

列队游弋的天鹅。

此，数量也随着环境的改善逐年增加，到来年春天3月底4月初便陆续飞走。陪我一起去拍摄天鹅的战友，是平陆县武警中队的杨队长，他们中队每年在黄河边附近搞冬训。据他回忆，每年老兵复员时，天鹅就来了，新兵下连队时天鹅又飞走了，这也印证了当地人的说法。但是，长途迁徙，对天鹅来说无疑是一种挑战，毕竟路途遥远，命运难卜。

告别呋喃丹

天鹅迁徙路途中的危险之一便是人类的毒杀。我开始到山西拍摄天鹅，便是源于当时多家媒体的报道：有人在黄河边下药毒杀迁徙路上的天鹅。我不敢相信，也不愿相信这种事情的发生。

天鹅浑身都是宝，据说在广州一带一只天鹅可卖到近万元。一些不法分子就是利用天鹅迁徙来此的时机，大肆猎杀。为了保持天鹅的完整性，也为了获取更高的利润，他们在天鹅经常光顾的滩地上撒放一种叫"呋喃丹"的烈性农药，天鹅一旦误食，气管会迅速痉挛、膨胀并窒息，不及时抢救很快就会死去。为此，当地政府号召居住在河边的老百姓组织起来，通过无偿承包各自的一块滩地来保护天鹅，以保证天鹅不在自己的滩地上遭人猎杀。不过，天鹅有时也会吃当地的麦苗，当地人只好通过敲盆敲桶的方式来将其驱赶出去，但绝

自制的警示牌

不伤害它们。

　　当年，我走在河边时，不仅会看到村民自制的"保护天鹅光荣"、"猎杀天鹅可耻"、"天鹅是我们的朋友"等小警示牌，还会时不时看到在此巡逻的村民。看到这样的场景，我打心眼里感到高兴和欣慰。

　　天鹅在此地的主要食物是滩地上农民收割时残留下的农作物，如玉米、豆子、谷子等，另外冬小麦也是它们喜爱的食物。

　　乍暖还寒时节，麦苗已开始返青，还没有迁徙的少数天鹅在刚刚浇灌的麦田里一边悠闲地散步，一边品尝着青青的麦苗。它们即将远行，所以必须填饱肚子，积蓄力量，不过这也给当地的农民造成了一定的损失。

　　为了看到天鹅吃麦苗的情景，2008年我选择4月初来到黄河边。当时结冰的黄河已经消融，清清的河水显得十分平静，在以前常能看到天鹅的几个地方都没找到一只天鹅的踪影。战友怕扫我的兴，便一个劲地劝我，来年再看吧。可我不死心，将越野车停在一边，然后下车沿着林中小路一直寻找。功夫不负有心人，终于在树林的尽头的麦田中发现了几只正在美餐的天鹅。

护鹅新举措

　　2008年初，我再次来到山西平陆拍摄天鹅，看到的是志愿者们正在将当地政府拨发的玉米撒在黄河岸边的浅滩上，让天鹅可以安全放心地进食。同时我看到去年各式各样的警示牌都不见了，取而代之的则是更多更加规范和美观的

更加规范的警示牌

撒玉米的志愿者

新警示牌。这些也从一个侧面说明了大家保护天鹅的意识和政府保护天鹅的力度有了较大提高，同时也吸引了更多的人前来拍照和观光旅游。

2009年2月，我又一次来到山西平陆黄河边，发现当地不仅修建了停车场，还有了卖各种小吃的流动摊点，真是给爱鸟的人提供了一个良好的观鸟环境。另外，还有人直接在面包车上办起了小型天鹅影展，面包车虽小，但照片却很不错。现在，那里有着专门的观鸟组织人员，不仅用更加制式的警示牌告诫人们不要伤害天鹅，还让前来观赏天鹅的人们和拍摄者尽量保持距离、保持安静，不要惊扰天鹅。可以说，这些措施反映了当地开始给予天鹅更多的关爱。正因为如此，天鹅离人的距离越来越近，前来观光和拍摄的人也越来越多。

2007年，山西平陆的人们便开始自发地保护天鹅，但只是一种个人行为。到了2009年，保护天鹅已经逐步转变为政府出资和组织、志愿者积极参与的一项公益行动。可以说，在政府的带领下，当地民众保护天鹅的意识逐年提高。天鹅在此地停留期间，既可以得到有效的保护，又可以得到充足的食物补充，为远距离迁徙储备能量，使它们的种群数量不会因人为因素而减少，永远保持良好的生态环境。希望全社会都能像平陆当地政府和民众那样，一起来为保护鸟类、维护人与自然之间那微妙的和谐关系而努力。

不错的观鸟环境

摄影爱好者

天鹅成群

新警示牌

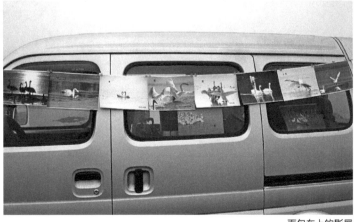
面包车上的影展

天鹅倩影

3 难忘的旅途

晨落天鹅湖

早就听说山东荣成有个天鹅湖，冬季有大批天鹅在那里越冬，可一直没有机会前往。这次在山东开完会正值周末，我便赶往向往已久的荣成天鹅湖。途径烟台，与我的老排长张作先夫妇相聚，奇怪的是，他们在烟台工作生活多年，却不知道每年都会有大批天鹅飞越几千公里来到荣成过冬。

次日，我们便相约一同前往天鹅湖。刚到目的地，天突然下起了小雨，细密的雨，仿佛折不断的缕缕情思，从天而降，与地相应。我们沐着小雨，和着清风，别有一番情趣。其实，天鹅湖并不是一个"湖"，而是一个用堤坝围起来的海，岸边还盖了许多观景房。

还未见到那一群白色的精灵，一声声底气十足的鸣声便灌入耳中。走近细看，它们有的展翅翱翔，率性而为，或高或低，或远或近，另一些则在湖面上优哉游哉，怡然自得，宛如水中舞者，给人以美的享受。

霎时间，湖面上突然热闹起来，所有的天鹅一下子全飞起来，在空中绕了圈后又

天鹅湖旁飞过
观景房的天鹅

昆明湖面的舞者

倾诉情感的伴侣

落到湖面上，当回到湖面后，它们就像开集体会议一样，有的低声耳语，有的大声交流意见，还有的在为着什么而争论不休……不一会，整个湖面一下子又沸腾起来了，原来是管理人员来了。他一敲小盆，天鹅居然飞上岸来，等待美餐的到来。它们追逐着、抢夺着从小盆中撒下的玉米粒，这样热闹而又美妙的画面，我岂能错过，于是迅速按下快门，记录下这和谐的画面。当天鹅吃完美餐后，它们便会飞回天鹅湖中去休憩。

辉映古园林

颐和园作为古老的皇家园林，曾是慈禧太后的休养之地。而现在，这里不仅是游人观光的好去处，也是天鹅们迁徙路上的驿站。

2010年3月，刚刚化冰的颐和园昆明湖面上便飞来了上百只天鹅，给古老的皇家园林增添了几分生气。柔美的玉带桥辉映着它们起飞、降落

密云水库游弋的天鹅

的美丽身影；逶迤的十七孔桥下有它们接受检阅的整齐队形；湖面上不断展现着成双成对倾诉情感的伴侣；远方的古塔和琉璃屋顶映衬着它们优美的翔姿。这一道道亮丽的风景线，给游园与晨练的人们带来美好的享受，以至于许多摄影爱好者跑到这里守候、抓拍。

库区迎常客

密云水库是北京的重要水源地。冬日来临，偌大的水面成了天鹅新的栖息地。

2009年，我第一次到北京密云水库拍天鹅时，远方，捕鱼船在撒网捕鱼；近处，排着整齐队形的天鹅在朦胧的水面上游弋。这一远一近构成一幅优美的画面，宁静而又祥和。午休时分，又是另一番景象：近处是停靠在岸边的打鱼船，远方是游动的天鹅，天上还有飞翔的天鹅，俨然一副动与静完美融合的水墨画。

偶遇黑天鹅

2010年夏，我来到翠湖湿地保护区外围的上庄水库，我突然发现水中央有三只穿着黑色外衣的"水手"——黑天鹅[①]——在晨练。刚开始，它

┃黑天鹅

雁形目 鸭科

天鹅中唯一一种羽毛纯黑的种类。体长80~120cm。全身羽毛卷曲，黑灰色或黑褐色为主，腹部为灰白色，飞羽为白色。嘴为红色或橘红色，跗跖和蹼为黑色。

上庄水库黑天鹅

们结伴游来游去好像是在做热身运动，为了舒展筋骨，它们玩起了蜻蜓点水，溅起的水花和伸展的身体给人们带来了美的享受！不一会，它们就分开各自觅食去了，其中有一只黑天鹅游到了一个拦在水面上的渔网前，它本可以顺畅地游过去，但在障碍物前它采取了我意想不到的过网方式，它竟然放弃了飞行这种潇洒的姿势，而选用了跨栏的方式：它首先让前半身先探过渔网，然后抬起右脚，接着扭动身躯，再把另一只脚迈过去。它的动作显得有点笨拙，但又很可爱，最后它还是克服了困难，跨越了障碍。

幸福鹅一家

2011年3月的一个清晨，圆明园静静的湖面宛如明镜一般，清晰地映出蓝蓝的天，白白的云，绿绿的树。初春的圆明园里迎来了"黑衣天

一家五口

使"——黑天鹅，它们一家五口，鹅妈妈带着三个小宝宝，纵向排列，井然有序地缓慢前行，鹅爸爸尾随其后，守护着它们。鹅妈妈不仅要仔细观察周围的环境，还要耐心地教小宝宝游泳的本领和捕食的技巧。这些黑天鹅让晨练的人们情不自禁地驻足观看、拍照。转眼间，在碧绿透明的湖面的另一端，两只"戴"着绿围巾的绿头鸭①游过来了，它们骄傲地把尾巴露出水面，优哉游哉，好不惬意！时而还转过头去拨弄一下羽毛，精心打扮一番，看样子它们是时刻都要让自己保持最佳状态哟！

丨绿头鸭

雁形目 鸭科

雄鸭头和颈是绿色且带金属光泽，尾部中央有4枚尾羽向上卷曲如钩，上体大都为暗灰褐色，但下体灰白，白色的颈环分隔着黑绿色的头和栗色的胸部，尾羽为白色。

绚丽的鸳鸯

1 鸳鸯

雁形目 鸭科

亚洲一种亮斑冠鸭，它与西半球的林鸭关系较近，比鸭小，雄的羽毛美丽，头有紫黑色羽冠，翼的上部是黄褐色；雌的全体苍褐色，且雌雄常在一起。

　　相隔没几天，我在北京市的紫竹院公园看到的却是另一番景象：静静的湖面上，慢悠悠地朝我游来的是一只雄性鸳鸯[①]，它身后那一圈圈晕开的湖水，就好像由于得到它的青睐而开心得炫耀起来。它的羽毛华美绚丽，背部褐色，腹部白色，头顶羽冠，嘴唇鲜红，眼后生有长长的眉纹，好像刚刚化过妆一样。它简直就是一件艺术品，看着它，我不得不惊叹于它的迷人，是那么无可挑剔，无与伦比。

　　"只羡鸳鸯不羡仙"，我想这句话用在这里是再恰当不过了。不一会儿，它的同伴随之而来，在这清冽的湖面上，暖和的天气里，再加上这一对色彩斑斓绚丽的鸳鸯在水中嬉戏追逐，并肩畅游，眉目传情，是多么的美好和谐。它们时而发出低沉而柔美的叫声，时而又在窃窃私语，倾诉着爱慕之情……

4 痛心的回忆

为她而伤心

这一只天鹅我观察了很久，发现它总是一蹬一蹬的，原以为它在做起飞的准备，后来才发现它的脚受伤了。我看着它拖着受伤的腿在冰面上慢慢走动，心里很难受，要知道带着一条受伤的腿，起飞是很困难的。本想走过去替它作一些简单的包扎处理，但又日落西山，3月的冰面又随时会裂开，我只得放弃这个念头，在心里祝福它早日康复。

失恋的天鹅

2011年3月，密云水库尚未解冻，我一早驾车来到水库的北岸，通过望远镜发现一只天鹅竟和一群赤麻鸭^①在玩耍，这勾起了我的好奇心。赤麻鸭们玩起了"花样滑冰"，它们舞动的翅膀，像一只只降落的帆，变换着姿势，只为得到同伴们的喝彩和羡慕的眼神来满足它小小的虚荣心。

印象中，天鹅大都是成双结队的，怎么这儿就它一只呢？我下车在冰面上慢慢前行，想尽量不干扰这只"鹅立鸭群"的天鹅。在这样一群浅棕色的赤麻鸭中，全身雪白的它是那么耀眼，却又是那样孤单，真是"世鸭皆乐，唯它独忧"啊！看着它极目四望的悲伤眼神，原先那一份闲适之心也平添了些许忧愁。我猜测它是失去了另一半，于是只好跑来与鸭为伴。

恰在当天中午，我在返回的路边河道中，再一次发现了一只孤独的天鹅。它孤零零地站在河道边，垂头丧气，它看起来似乎比上午那只天鹅更加彷徨，更加手足无措，在大地快要笑逐颜开的日子里，唯独它落在了这严寒的冬天里，不知何去何从。

1 赤麻鸭

雁形目 鸭科

体型约63cm，羽毛橙栗色，头皮发黄。外形似雁。嘴和腿黑色，雌鸟叫声较雄鸟更为深沉，比较耐寒。

带着夹子飞

这张照片让我心酸，让我难受，更让我心痛。

在一次拍摄中，飞入镜头的画面，竟是一只正在飞行的天鹅，不过它的叫声却显得疲惫和哀伤。原来，它的脚被一个带有一段铁丝的铁夹子夹住了，这让它的飞行显得非常吃力，飞得并不高，而且受伤的脚也会给它的生命带来危险。显而易见，这只天鹅被夹子夹住后，一定奋力挣扎过，为了能够再次翱翔天空，它竟然将捆绑夹子的铁丝都扯断了，这样才得以脱身。虽然暂时逃过一劫，但今后的命运也是生死未卜。还有那些没能挣脱罪恶的大夹子的同伴呢？岂不是要无辜地死去！不管设夹者出于什么目的，但对于这种恶劣行为一定要强行制止。

真心希望将来在天鹅迁徙的路途中能够少一些呋喃丹，多一些玉米；少一些铁夹子，多一些关爱；希望天鹅们能够飞得更高，飞得更远。

受伤的天鹅

鹅立鸭群

翔

孤独的天鹅

被夹的天鹅艰难飞行

第 2 章

在云中起舞

山一程水一程
横越千山和万水
迎彩霞送黄昏
凌览高空与低谷

云儿摇摇你也飘飘
相倚并肩笑暮朝
等一场花开与花落
繁花似锦缥缈了风景
一瞬间你已振翅海角

风儿吹吹 翅膀挥挥
独领风骚淘古今
丈一回谁长与谁短
过眼云烟缩短了光影
顷刻里你已旋回云梢

你是那自由行走的花
天涯在何方就是你的家
我的梦还装在行囊中
我与你有约
继续与你 不见不休

1 独恋你的唯美

本章中的图片大都是飞翔在蓝天上不同种类的仙鹤，它们中间有国家一级保护动物白鹤[①]、丹顶鹤[②]和白头鹤[③]，二级保护动物蓑羽鹤[④]和灰鹤[⑤]，它们时而穿越晨辉，时而与蓝天相衬编队飞行，给人们留下美好而又无尽的遐想空间。

飞越晨晖

2008年奥运会开幕式那天，我正在齐齐哈尔。听说我想去拍丹顶鹤，当地的朋友便帮我约到了陈寿安作为陪同，他是齐齐哈尔市摄影家协会的主席，对丹顶鹤很着迷，也很有拍摄经验，于是我俩一拍即合，便相约第二天凌晨三点就前往目的地。之所以去这样早，一来是因为去早一点会没有游客打扰，二来我们都想捕捉到旭日东升时丹顶鹤飞行的美姿。另外，为了拍摄过程的顺利进行，我的另外一个朋友国良，当晚陪我住在酒店，整个晚上都在那儿美滋滋地观看奥运会的开幕式，我坚持着看完了开幕式，时间已经过了零点了，实在是扛不住，只好定了闹铃，匆匆入睡，为第二天的"战斗"储备能量。

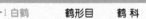

1 白鹤　　　**鹤形目**　　　**鹤 科**
体型约135cm，嘴橘黄，脚为粉红色，全球性濒危。迁徙经由中国东北，冬季有2000多只聚于鄱阳湖等湖泊越冬。

2 丹顶鹤　　　**鹤形目**　　　**鹤 科**
体型约150cm，优雅的白色鹤。头顶裸出明显红色，嘴绿灰色，脚黑色，全球性易危。在中国东北繁殖，飞行时颈伸直，呈"V"字编队。

3 白头鹤　　　**鹤形目**　　　**鹤 科**
体长约90cm，额和两眼前方有较密集的黑色刚毛，从头到颈是雪白的柔毛，其余部分体羽是石板灰色。

4 蓑羽鹤　　　**鹤形目**　　　**鹤 科**
体型约为105cm，优雅的蓝灰色鹤。头顶白色，嘴黄绿，脚黑色。叫声如号角，较尖而少起伏。分布至海拔5000米左右。飞行时呈"V"字编队，颈伸直。

5 灰鹤　　　**鹤形目**　　　**鹤 科**
体型约为125cm，前顶冠黑色，中心红色，头及颈深青灰色。自眼后有一道宽的白色条纹伸至颈背。体羽灰色，嘴污绿色，嘴端偏黄，脚黑色。配偶在一起时的二重唱，清亮持久。喜欢湿地、沼泽地及浅湖，数量越来越稀少。

晨晖中翱翔的丹顶鹤

　　第二天凌晨三点，我们接上陈主席一同前往保护区，路上我们又接上了曾经养过鹤的老关，他对丹顶鹤很熟悉。大约四点半，我们一行四人便摸黑来到扎龙湿地自然保护区。

　　因为老关跟那些养殖丹顶鹤的人都认识，于是请他们帮忙，提前将丹顶鹤放飞。其实，按照规定他们每天是早上六点多放丹顶鹤出来，每天让它们飞一会儿，以此来尽量保持它们的野性。这一次，我们很幸运地目睹了丹顶鹤们"集体出门晨练"的情景。它们飞翔有序，互不干扰，极有风度。趁着晨辉薄雾盘旋飞舞，凌空翱翔，掩映长空，野趣盎然，蔚为壮观。静静的湖面上，倒映着被朝霞染红的天空和一群群因被提早放飞而激动得鸣叫的丹顶鹤。我被和鸣的天籁之音环绕着，每个细胞都享受着一种从未感受过的放松和愉悦！在飞行了一会儿后，它们便落在了沼泽地旁，吃着芦苇的嫩芽和一些野草种子。看时间差不多了，养殖人员便在水边和岸边撒些小鱼，并用竹竿将它们赶回笼子，对于这些程序，它们似乎已经习以为常了。

　　不多一会儿，天渐渐放亮，尽管有所收获，但我们仍是意犹未尽，都不想走，想看看能否再拍到纯正的野生丹顶鹤。在老关的指点下，我们找到了更好的拍摄角度，并慢慢靠近，最终捕捉到了"靓女晨妆"的画面。这只鹤选择了一个高高的土坡，低头弄眉，梳妆打扮，羽毛素朴纯洁，体态飘逸雅致，尽显娇羞含蓄之美。

　　一群幼鹤则在旁边嬉笑玩闹，享受它们的童真世界。辉映着日出，还有一丝彩霞作伴，真是别有一番风味。这些画面虽然美，但这与我们的初衷还是有些不符，我们原本是想拍野生丹顶鹤的，因为那样会更有原始生态的味道，但这些鹤都是人工驯养的，它们腿上都套着红色

靓女晨妆

幼鹤

的小环，以便饲养员分辨。

　　太阳出来了，游人也陆陆续续来了，丹顶鹤们成对或结成小群，在人们头顶上一圈儿又一圈儿地盘旋着，一会排成"一"字形，一会排成"V"字形，时而飞行，时而降落，很是惬意，游人均被它们的美丽所折服。

引吭高歌

成对飞行

结队飞行

鸭鹤共舞

　　在我国，丹顶鹤的繁殖区和越冬区主要是扎龙、向海、盐城等一批自然保护区。在江苏盐城国家级珍禽自然保护区，越冬的丹顶鹤最多一年达600多只，这里成为世界上现知数量最多的丹顶鹤越冬栖息地。之前我一直都遗憾未能拍到野生丹顶鹤，2009年晚秋，我听说江苏盐城有野生丹顶鹤的踪迹，便同我的战友曹爱军及他的同学一同前往盐城自然保护区。曹爱军的那位同学是盐城市射阳县副县长，叫戚咏梅，她从来没去过那里，所以当她一看到那些野生丹顶鹤时，都激动得找不着北了，以致手机都弄丢了。我们看到的两只野生丹顶鹤，在湿地中自由自在地漫步，不时还引吭高歌一曲，看来它们的歌喉不错，引来成群结队的野鸭前来听歌，虽然"肤色"有些差异，"国籍"也不同，但音乐无国界，它们很快就在一起演奏"鸟之交响乐"了。

盐城自然保护区的野生丹顶鹤

寻找白头鹤

2008年冬，我听说野生白头鹤在齐齐哈尔扎龙保护区外围活动。作为国家一级保护动物，全球野生白头鹤数量才7000多只，已被列入《世界濒危动物红皮书》。为了拍到野生白头鹤，我又一次赶到了那里。这次，一同前往的还有一位朋友。凌晨四点多，我和这位朋友相约一同前往，路上又去接上老关给我们带路，两次都给老关添麻烦，于是给他起了美名"关导"。一路上，冷飕飕的风呼呼地刮着，路边的树木也受不住西北风的袭击，在寒风中摇曳。在关导的带领下，历经一个小时，我们终于到达了目的地。当时气温有零下20多度。我们找了一个隐蔽的地点，耐心地等待着它们的到来。刚一下车，寒风便呼啸而起，蛮横地乱抓着我们的头发，针一般地刺着我们的肌肤，把人冻得鼻酸头疼，两脚就像两块冰。万般无奈，只得将冬衣扣得严严实实的，把手揣在衣兜里，缩着脖子，期待着黎明的来临。

冬日晨光中的白头鹤

白头鹤

灰鹤

　　冬晨的日出终于姗姗而来，暖暖地照在这片静谧的大地上，天边的云也披上了彩衣。我们期待已久的白头鹤也赶早过来了，它们随意飞翔着，无忧无虑，怡然自得。一阵一阵迷雾如巨浪般涌来，把太阳遮住，在时间这个催化剂的作用下，雾慢慢地散开了。根据关导多年的经验，我们在白头鹤飞行的路径上架好了相机，耐心地等待着它们的光临。在等待过程中，关导提出建议："你俩在这等着，我去村子里面看看，可能还能帮你们拍到几张近景，以防你们遗憾。"于是他便拿着这位朋友的配70～200mm镜头的佳能相机去了村子里面。我们俩继续等着，忽然太阳一窜一窜地冒了出来，就在太阳快要露出庐山真面目的那一刻，两三只灰鹤沿着一个优美的轨迹，从容地飞翔着，美丽的飞行姿势让我不禁联想到"嫦娥奔月"那个美丽的传说。可不巧的是，由于天气

鹤群

太冷，那位朋友的相机在此刻闹起了"脾气"，玩起了"罢工"，急得他抓耳挠腮，捶胸顿足。我告诉他说可能是电池没电了，结果他又回去拿电池，与那幅美景失之交臂。后来他把他的储存卡装在我的相机里拍摄，总算弥补了遗憾。这时，关导也回来了，看了他拍到的照片之后，我们俩都不禁向他竖起了大拇指，一个农民摄影家能拍出这样美好的画面，是我们都未能料到的，我想是因为他是本地人且知道鹤的习性，所以能够捕捉到它们的美丽瞬间。

据说，白头鹤越冬时主要吃稻、小麦、玉米等食物。当地农民在保护区外围种一些玉米，那些白头鹤便毫不斯文地吃农民掰完后剩下的玉米；有些胆大的，居然去抢农民掰好的准备装车的玉米。但它们从不暴饮暴食，无论食物多寡，它们总是一粒一粒地拣、一口一口地吃。农民看到我们的到来，以为我们是政府官员，便向我们诉苦道："这些鹤总是吃我们玉米，它们根本就不怕我们，我们在左边摘玉米，它们就到右边吃，有时一两袋玉米一会儿工夫就被它们解决掉了，我们是一点办法也没有，你们能不能帮我们反映反映！"我们笑着回答道："我们可以反映一下这个问题，但你们也要理解，它们也要吃东西，才能补充能量好飞到南方过冬啊！"我们被农民这种纯朴可爱所打动，虽然他们也会发牢骚，但他们绝不会去伤害那些鹤！

走近白鹤

2009年冬，我出差到沈阳。办完事正值周末，我给沈阳理工大学生态教研室的周海翔教授打电话，问他有没有可拍的鸟。他说："明天辽宁卫视要到湿地现场拍摄和采访，如愿意可一同前往。"我喜不自胜，这难逢的机会居然降临到我头上了。之所以说难逢，是因为辽宁獾子洞水库湿地有国家一级保护动物白鹤，目前白鹤在我国的总数仅有1000～2500只，在《中国濒危动物红皮书·鸟类》中被列为濒危物种。而这次沈阳居然来了300多只，许多摄影家一直梦寐以求的幸事居然让我给碰上了。

第二天一早我们从沈阳出发，在周教授的带领下来到距沈阳市约100公里的獾子洞水库湿地。车艰难地行进在刚刚化冻的泥泞小路上，远处开始看到一些小白点，隐蔽停车后用高倍望远镜仔细观察发现，足足有300多只白鹤在冰面上活动，真是太令人兴奋了！众人都紧锣密鼓地为拍摄做准备，周老师见我没有防冰水的雨靴，便把他的深腰雨靴让给了我。"开始拍摄！"周老师一声令下，"大炮"的咔嚓声开始响起。遗憾的是，我带的是一个索尼550配70～400mm镜头的相机，根本不适合远距离拍摄，于是我决定走近之后再拍它们。为了不惊扰它们，我们约定每走5米拍几张，停几分钟再拍再走，最后距离只有不足百米了。这些白鹤不同于其他鹤类，它们似乎并不怕我们，面对镜头它们也毫不畏惧，这时我的"小家伙"连拍声的频率超过了"大炮"，我心想，近距离战斗还要靠我们"步兵"！

飞翔的白鹤

近距离拍到的鹤群

远距离记录白鹤嬉闹和飞翔

1 灰头麦鸡

鸻形目 鸻科

两性相似。眼周裸出部及眼先肉垂黄色,嘴黄色具黑端。胫部裸露部分、跗蹠及趾均为黄色,爪黑色且有后趾。

下午我们来到湿地的北端,白鹤已经开始远离人和车,我借来海翔老师的600mm的"大炮"体验了一下威力,远距离记录了它们嬉闹和飞翔的画面:它们在富有植物的水边浅水处觅食,主要是吃水生植物的根和茎,另外也会吃点蚌、鱼和螺;它们每次采食的时间大约20分钟,并且采食的时候将嘴和头部沉浸在水中,慢慢地边走边吃,并不时地抬头,四处观望。

给力保护

2010年秋的一个周末,听说有两只蓑羽鹤带两只小宝宝在内蒙古正蓝旗小扎格斯台淖一带活动,作为国家二级保护动物的它们,又会有哪些有趣的举动呢?带着好奇心,我和影友陈华革驱车500多公里来到那里。在方圆几十公里的草原和湿地寻找它们的踪影,但一无所获,只好找了一块隐蔽的地点将车停下,坐在车里等候。这时,突然看到天上飞来两只灰头麦鸡①,在我们车子上方盘旋着,鸣叫着。我们隐隐感到哪里有些不对劲,仔细一看,才终于发现在离我们车子不足10米的地方,有几只灰头麦鸡的雏鸟在草丛中玩耍。原来它们是想通过在我们周围飞来飞去和大声鸣叫来赶走我们。在《中国摄影家》杂志主办的野生动物摄影高端论坛上,我们曾倡导:在拍鸟时要遵守"不惊鸟,不扰鸟,不影响它的生存环

灰头麦鸡与其雏鸟

境"的准则。为了不打扰眼前这一家，我们在车上匆匆拍了几张照片后，便赶紧离去。

饮水之困

拍完灰头麦鸡后，我们换了个位置再次等候。不一会儿，有经验的陈华革提醒我：准备战斗！原来他听到了蓑羽鹤的叫声。我们立即进入"一级战备"，摇下车窗，架起"大炮"，准备拍摄。这时，两只蓑羽鹤缓缓地降落在我们的视野中。它们小心翼翼地前行，并不时地回头张望，确认一切都安全了，才慢慢地向我们这边走来。据说蓑羽鹤性格羞怯，不善与其他鹤类合群，喜好独处，但其举止娴雅、稳重端庄。所以为了让它们尽量靠近我们，我们只能少按快门以防惊动它们。在车的左侧有一个小水坑，是牧民用来喂牲口的。令我们吃惊的是，它们竟然来到水坑边喝这些并不那么干净的水。

第二天，我们在河北沽源朋友的带领下，来到原本的一片淖地——简单点说就是有水有草的湿地——继续寻找蓑羽鹤，可惜当地旱情严重，这里原本是这一带最大的淖地，现在已干枯见底，只剩下高矮不一的荒草。这时我们才明白为何清高的鹤会喝那个小水坑中的脏水。

喝水的蓑羽鹤

在那块干枯的淖地中，我们发现了一只蒙古百灵①的幼鸟，在地上不停地跳跃，并艰难地低空飞行，我们赶快抓拍了几张，这时它的妈妈从空中飞来，并不停地鸣叫，有了昨天的经验，我们很快便理解了它的意图——想保护它的小宝宝，于是便尽快地离开了。

1 蒙古百灵

雀形目 百灵科

全长约18cm。上体黄褐色，具棕黄色羽缘，头顶周围栗色，中间为浅棕色，下体白色，胸部具有不连接的宽阔横带，两肋杂以栗纹，颊部皮黄色，有两条长而明显的白色眉纹在枕部相接。

蒙古百灵幼鸟

3 追逐你的身影

四口之家

听说辽宁省盘锦市来了几只野生丹顶鹤，我和影友陈华革便从北京出发，于次日凌晨两点多到目的地。一路上大雾的袭扰和颠簸，让我们感觉浑身乏力。经过简单休息，我们便立即开拔，带上行头赶往目的地。

那时，天刚蒙蒙亮，在鸟网论坛秘书长张明的带领下，我们穿过层层浓雾，往前赶路。不时有夹杂着些许晨露的清风拂来，虽令人感到有些寒意，但也让我们的倦意大减。驻足于茫茫的泥沼之上，隐约看见几只丹顶鹤在漫不经心地走着，好像在低头觅食。它们性格机警，所以在活动或休息时均有一只鹤在一旁警戒。

雾渐渐散开了，我们视野里的景物更加清楚。这时我们才真正感受到了丹顶鹤的美丽与高雅，嵌着红宝石的头顶、修长的脖颈、洁白的羽毛、

野生丹顶鹤一家

纤细的双腿，真像一个形体秀丽、举止潇洒、神采飘逸的舞蹈家。望着它们优雅的步伐、端庄的仪表、高贵的气质，我又突然觉得它们好像一个个绅士淑女在那儿嬉戏游玩，真是羡煞观者。

我们这次拍到了四只，是一家子，成年的丹顶鹤头上都呈朱红色，幼鸟虽然体型与父母差不多大，但头顶只有浅褐色的羽毛。

一路拾零

辗转于各条道路之间，虽饱受颠簸劳累之苦，但我们也学会了"苦中作乐"，也会在途中得到一些意外收获。

我们曾在钢架结构的一个角落里发现了纵纹腹小鸮[1]，它正襟危立，保持着高度的警惕性。它通常是白天活动，并喜欢栖息于开阔地，它的巢一般建在建筑物或天然洞穴内，主要吃各种昆虫、鸟类和爬虫类等。

| 纵纹腹小鸮

鸮形目　鸱鸮科

体长20~26cm，面盘和领翎不明显，上体呈沙褐色或灰褐色，并散布有白色的斑点。下体为棕白色且有褐色纵纹，腹部的中央到肛周以及覆腿羽都是白色。

纵纹腹小鸮

喜鹊与普通鵟对峙

白腰杓鹬

我们曾在枝头看到一只喜鹊，它摆出一副盛气凌人的模样，似乎要与头顶上方的普通鵟一较高下。尽管体型上它比普通鵟小很多，但它有众多的同伴，而普通鵟则是孤军奋战。在争斗了几个轮回之后，大鵟终于寡不敌众，只好凌空展翅，扬长而去。

我们曾在红草滩中发现了一只白腰杓鹬[①]，它安静地落在花丛中，坚定不移、昂首挺胸地伫立着，偶尔也会凑上去嗅嗅花香，但很快又会恢复立正的姿态。我们就远远地看着它，透过它那满是期待的眼神，我想，应该是在等候着"她"的到来吧。

我们曾在电线上发现了一只红隼[②]。它还是脱不了"孩子"的稚气，尽管洁白的衣裳上"点缀"着些许的污点，但内心早已被快乐和酣畅溢满了，这样一步一个小脚丫，见证着它成长的道路。它伫立于电杆之上，将目光投向下方，寻找着同伴的身影，不时地拍拍翅膀，似乎有些迫不及待了。可不是嘛！它都已经准备好"跳绳"，要与伙伴们嬉戏玩闹啦！

1 白腰杓鹬

鸻形目　鹬科

体型约为55cm。嘴很长且下弯，腰白，渐变成尾部色及褐色斑纹。与大杓鹬的主要区别是腰及尾部较白，与中杓鹬相比，体型明显较大。

2 红隼

隼形目　隼科

体型约为33cm的赤褐色隼。尾成圆形，下体纵纹较多，脸颊色浅。

银鸥

鹤鹬

红隼

黑嘴鸥

黑尾鸥

我们曾在大海的浅滩上发现过许多黑嘴鸥^①、银鸥^②、黑尾鸥^③和鹤鹬^④等都在海边漫步觅食，它们互不干涉，和平相处在同一片蓝天和沙

1 黑嘴鸥　　　鸥形目　　　鸥科
体型约33cm。夏羽均似红嘴鸥，单体型较小，具有短粗的黑嘴。夏羽头部的黑色延至颈后，色彩比红嘴鸥深，具有较清楚的白色眼环。

2 银鸥　　　鸥形目　　　鸥科
又名鱼鹰子黑背鸥、鱼鹰子、叼鱼狼等，全长约60cm，头部平坦。夏羽头、颈和下体纯白色，背与翼上银灰色。腰、尾纯白色，初级飞羽末端是黑褐色，有白色斑点，嘴是黄色，下嘴尖端有红色斑点。

3 黑尾鸥　　　鹳形目　　　鸥科
全长约47cm，夏羽头、颈至胸部以下皆为白色，背部及翼上整体为暗灰色。腰及尾羽是白色，尾羽末端有宽大的黑色次端斑。嘴、脚为黄色，嘴尖端红色，且有黑色环带。冬季头至颈部具褐色斑点。

4 鹤鹬　　　鸻形目　　　鹬科
中等体型（30cm）的鹬类。嘴长且直，夏羽黑色具白色斑点，冬羽灰色似红脚鹬。

滩上。

　　从盘锦返回的路上，我拨通了影友王建民的电话，他是天津新区摄影家协会副主席，他提供给我河北唐山的一个渔村旁有大批反嘴鹬停留的消息，我们一行便一同前往。反嘴鹬善于游泳，且能在水中倒立，主要以小型甲壳类、水生昆虫、幼虫、蠕虫和软体动物等小型无脊椎动物为食。飞行时不停地快速振翼并作长距离滑翔。那天，铺天盖地的反嘴鹬来回飞着，仿佛要把那片天空严严实实地包起来一样。兴奋的拍摄让我们忘记了午饭时间。

鹤群斗鹰

　　2011年6月，正在新疆出差的我听说阿勒泰有蓑羽鹤活动，第二天一早便来到距城十几里外的水库。陪同我们拍鸟的当地人告诉我们，他去年同期在山上捡了两枚灰灰的大鸟蛋，用筷子怎么也敲不开，最后只得用菜刀敲开，才得以用小葱炒着吃了。当他听我说起蓑羽鹤是国家二级保护鸟类，而且其鸟蛋与他所描述的鸟蛋极其相似时，便很懊悔当时的无知，为做错了事深感内疚。这次由他带路去捡鸟蛋的地方，想目睹一下蓑羽鹤孵化的情况，结果也不理想。原因很简单，去年这一带山上无人，且几乎无车，鸟才在此孵化，而今这一带正在修高速公

成群的反嘴鹬

蓑羽鹤

团结的蓑羽鹤

1 鸢

隼形目 鹰科

也叫老鹰。常见的猛禽，嘴为蓝黑色，上嘴弯曲，脚强健有力，趾有锐利的爪，翼大，善于飞翔。

路，车来车往，大漠戈壁一片沸腾，它们自然不会来这里安家育雏了。

突然，空气中开始弥漫着一股紧张的气息，原来是一群蓑羽鹤要与凶猛的鸢①展开一次生死决斗。虽然它们自知绝不是鸢的对手，但团结就是力量，它们群起而攻之，配合得极为默契。几个轮回下来，鸢就败下阵来了，于是赶紧撤退，先走为上了！

鸟的同类发生打斗现象，甚至发生流血事件也无可非议，但我们如果不加控制，见野生鸟蛋就吃，那就不对了。据说有的鸟在孵化中被其他动物偷吃了鸟蛋，会绝食而亡，如果是这样，多么令人伤心啊！让我们共同努力，多一些保护，少一些惊扰，多一些关照，少一些掠食，使更多鸟儿和它们的小宝宝得到真正的保护。

第 3 章

捕获各有道

幽幽的蓝光
爽爽的清凉
就这样
你衔着阳光的一角
轻轻揭开雾色的迷茫
海浪慢慢摇醒渔家的向往
扯动了帆船摇醒渔家的向往
你振翅飞向天的一旁
骄傲着要做人类的导航

迎着日上中天的张扬
你的身影拉长了海天的相望
阵风吹乱了原本的节奏
你不在等候鱼儿的优游
俯身直冲惊吓了海的温柔

晚霞的迷离增添了你的神秘
红色的夕阳挂在海边
开始摇摇欲坠
你的盘旋给黄昏添了别样的滋味
闪光灯的光亮无法和新起的月色媲美
于是转身离去
还你们原本的韵味

飞翔的牛

1 鸟以食为天

　　白鹭有大白鹭①、白鹭②、牛背鹭③等之分。它们活动于草丛里、稻田中和牛背上，捕捉各种昆虫和小鱼小虾。它们的羽毛如雪，翅翼舒展，身形秀美，舞姿曼妙，在不同的场景和环境中，展现着它们优美的姿态，宛如一幅幅引人入胜的画卷。你看，芦花上空，一群白鹭顽皮地低飞，居然拼成一个白鹭的图形；牛背之上，勤劳的白鹭正在为耕地的黄牛捕食身上的蚊虫，也撑圆了自己的肚皮，大自然的和谐共存是多么奇妙；水莲丛中，美丽的白鹭小姐展现姣美的身姿，与娇妍的花儿试比高下；如茵的稻田中，它们时而隐藏在稻叶中，时而突然冲出，捕捉蜻蜓；在水坝旁，它们自由滑翔，共同捕猎，翩翩起舞，追逐佳偶……

 1 大白鹭　　鹳形目　　鹭 科
体型约95cm。嘴较厚重，脸颊裸露皮肤蓝绿色，嘴黑，腿部裸露皮肤红色，脚黑。

 2 白鹭　　鹳形目　　鹭 科
体形纤瘦，全身白色；繁殖时枕部着生两条长羽，背、胸均披蓑羽。胫与跗跖部黑色，趾黄绿色，爪黑色。

 3 牛背鹭　　鹳形目　　鹭 科
体型约50cm。体白，头、颈、胸沾橙黄，嘴黄色，脚近黑色。

鹭伫桥边

　　2009年夏天，我借在北戴河疗养的机会，天一亮就来到鸽子窝西边的大桥旁，看白鹭优美的身影。它们悠闲地踱着步子。不一会儿，它们向远边飞去，不远处的红房子倒映出它们最美丽的倩影，像是夕阳之下最美的晚霞。那片蓝色的水光似是要剽窃它们的白色倒影，做最成功的写真；露出水面的小石头为这画面涂抹了一份自然，蓝色的水面因为它们的存在更多了一份神秘感。之后，我的画面成了两只小家伙在那里打闹的景象，那扑棱的翅膀上下飞舞着，

嬉戏的白鹭

捕鱼的白鹭

不带做作地任意挥洒，驱散了这夏日里的烦躁。随着镜头的旋转，我发现远处的白鹭在那里遥望，它自娱自乐地摆了一个朝天望的姿势，然后，一幅最和谐的画面出现了，白鹭和那群野鸭栖身在同一个地方，让我忍不住向往着那份大自然的和谐安详。此刻的我已经陶醉在这份大自然的纯真里了。

白鹭捕鱼

和煦的阳光掠过微微皱起波纹的水面，清冽晶莹的水儿绽放着迷离动人的光泽。之前，白鹭给我的感觉都是温文尔雅的，无论是飞行，还是漫步，它向来都从容不迫，轻松优雅，好像一位披着白纱的斯文少女。而此次观看它捕鱼的行为，着实令我大吃一惊：完全抛掉了往日的矜持，眼睛直盯着水面，不放过任何一个机会，只要看到水面上有一丝动静，它就会俯冲下去尝试着捕捉小鱼儿。但并不是每次都能成功，在一次次的失败之后，它也不免发起了小脾气，扑腾着翅膀给自个儿降降火。终于，它又来了一次猛扎头，以迅雷不及掩耳之势将它那长长的嘴伸进水中。谢天谢地！这次不仅仅是满嘴的水滴，还有嘴间正垂死挣扎的小鱼！

偶尔，白鹭也会到人工养殖的鱼塘中寻找食物，它们很聪明，选择在鱼塘中间的最高点——鱼塘中的增氧机上进行观察，这样鱼塘中的小鱼儿就可以一览无余了，一旦有机会它们便可以迅速出击。

草鹭吃鱼

2009年夏，我前往吉林向海拍鸟，这里的大型鸟类较多，其中草鹭①性格比较孤僻，所以经常单独活动，通常它们会在有芦苇的浅水滩、芦苇地、湖泊及溪流边活动。在这一片广阔的浅水滩上，一只草鹭正低头觅食，它伸长了脖

| 草鹭

鹳形目　鹭科

体约80cm的灰、栗及黑色鹭，顶冠黑色并具两道饰羽，颈棕色且颈侧具黑色纵纹。背及覆羽是灰色，飞羽黑，其余体羽红褐色。

子,将长长的嘴插进泥草里打探,多次打探后,它终于有所发现,于是一个箭步飞奔过去,三下五除二,一条宽度不比它嘴小的鲫鱼就被它生吞下肚了。

和谐画面

　　太阳唤醒了沉睡的北方,光之羽辉映着牛背鹭的翅膀,牛背鹭再也按捺不住蓄积已久的冲动,轻轻地落在远处黄牛的脊背上,它们喜爱在牛背上寻找各种蚊虫来吃,而这也让牛可以安心地去吃草。牛背鹭那曼妙的身姿在牛背这样的特殊舞台上更显得它身手不凡。而不远方那个勤勤恳恳的农民,锄头一上一下,就像是为它们打着节拍。在这样一场美轮美奂的演出中,太阳也是给足了面子,给大地披上一层金色外衣,让那些演员们愈发熠熠夺目。沐浴在阳光之下,人、牛、鸟共同演绎着一副和谐美好的画面。

鸥鹭夺鱼

　　2010年8月的一天,我前往唐山拍摄。那天,

觅食的草鹭

牛背鹭

红嘴鸥抢食

蔚蓝的天空一尘不染，晶莹剔透。路上，偶然发现有一只白鹭嘴里衔着一条小鱼在空中飞翔，我仓促之中赶紧抓拍了两张，生怕错过了，可没想到的是，这只白鹭竟然会降落在离我不远的浅滩上。当它正准备享用自己的"战利品"时，不知从何方飞来了一只红嘴鸥，这个不速之客居然与白鹭争抢"战利品"，真可谓是"半路杀出来个程咬金"。由于红嘴鸥[1]体型小于白鹭，几番争抢之后，还是落在下风，只得看着白鹭吃掉了小鱼。待吃完小鱼后，红嘴鸥还继续朝对方吼叫着，真是有趣极了。

路边发现

2009年夏，在包头开完会后，我和海翔老师分乘两辆越野车，来到包头大树湾附近河滩上寻找目标。

车路过一片金黄的海洋，茫茫一片的向日葵正扬着笑脸朝我们摇晃着，透出喜人的神色。出于经验和直觉，海翔老师说这里肯定会有意外收获。为了方便前行和减少动静，我俩便合乘一辆车，沿着狭窄的小路艰难前进，车渐渐接近浅滩了，我们屏气凝神期待它的出现。忽然我们发现数十只白琵鹭[2]在浅滩上觅食。它们的不远处还有一只红色的捕鱼小船正缓缓划行，但它们似乎司空见惯，满不在乎的样子。船夫似乎也不愿打扰它们的平静，就轻轻地划向远方。它们似乎还没有受到尘世的打扰，所以对于我们的车也毫不畏惧。它们中间还有几只大白鹭相伴嬉戏，因为白鹭怕人，所以我们缓缓地停下来，先让它们适应，然后再采取停一会儿走一

1 红嘴鸥　　鸥形目　　鸥科
俗称水鸽子，体型大小也与鸽子相似。红色的小嘴扁扁的，尖端是黑褐色，身体大部分是白色，展翅高飞时，翩翩起舞好像白衣仙子。

2 白琵鹭　　鹳形目　　鹮科
体长为70～95cm，黑色的嘴长直而上下扁平，前端为黄色，并且扩大形成铲状或匙状，很像一把琵琶，十分有趣，黑色的脚也比较长。

白琵鹭群

会儿的办法，悄悄地靠近它们，这方法果然很奏效，它们开始慢慢放松警惕，又继续嬉戏打闹起来，这给没有带"大炮"的我们创造了近距离拍照的机会，真是太给力啦！

但一会儿之后，大白鹭不知发现了什么，率先起飞，使原本安静觅食的白琵鹭也随之而起，向着远方迷蒙的山坡缓缓飞去，宛如一张白色的毯子随风飘荡，又随风而落，在浅绿色的青纱帐、淡蓝色的水面背景下，形成了一副沁人心脾的安然画面。

苍鹭百态

这是我在不同城市拍摄的一组苍鹭[①]的照片：有在水坝前滑行的，有在城市上空飞行的，有在湿地上沉思的……

在宁夏沙湖的鸟岛上，为了让游客近距离观赏苍鹭，岛上支起了一张巨网，把不同的鸟儿圈养在其中。一对苍鹭似乎已成为爱侣，甜蜜地在网

1 苍鹭

鹳形目 鹭科

体型约92cm，眼纹及冠羽黑色，飞羽、翼角及两道胸斑黑色，头、颈、胸及背白色，颈有黑色纵纹，其余灰色。嘴黄绿色；脚偏黑。

苍鹭

谁在羡慕谁

中人工搭建的铁架上窃窃私语，互诉衷肠……而网外则有一位窥视者，似乎羡慕网中那对情侣，殊不知，网内的那对情侣或许也正在羡慕外边的那位仍然可以自由自在地在天空中翱翔。

夜鹭筑巢

2011年清明节清晨，带着惺忪睡眼，我瞥向窗外，小树下迎春花儿蓄势待放，披上外衣，准备去散散步。当我来到屋子边上的大柳树下时，突然发现有一对夜鹭[①]正在筑巢，我赶紧跑回家拿来相机。

为了防止打扰到这对勤快的小鸟，我小心翼翼地"潜伏"到柳树之后，仔细观察着它们筑巢的过程。只见那只头上长了两根茸毛的雄性夜鹭开始忙碌，忽上忽下，忽左忽右，精心挑选着树枝，待寻得那称心如意的筑巢材料后，便郑重地交到雌夜鹭的嘴里。那只站在枝丫的雌性夜鹭，正在精心设计着它们的爱巢，每一次交接之后，它总会思忖一会儿，为那些衔来的树枝寻找着最佳位置。一根，一根，又一根……它们把枯枝败叶加减乘除，再按照自己的想法设计搭建，于是，就有了一个黑色的圆形住所，一个充满爱的家。

1 夜鹭

鹳形目 鹭 科

体型约61cm，头大且体壮。顶冠黑色，颈及胸白，颈背有两条白色丝状羽，背黑，两翼及尾灰色，脚黑色。

筑巢的夜鹭夫妇

黑鹳翱翔

　　黑鹳[1]在悬崖峭壁上空惬意地飞翔着，忽而扶摇直上，势欲冲天；忽而四下盘旋，极目四野；忽而停翅不动，如悬半空；忽而如箭急射，俯冲而下……黑鹳飞累了，落在了下方一个小小的水洼中，迈着潇洒的步子，低头寻觅着美食，在徒劳无功地努力了几分钟之后，便垂头丧气地耷拉着脑袋，但它绝不灰心，又展翅飞向更高的天空，继续寻找着目标。

1 黑鹳

鹳形目　鹳科

体型约100cm。下胸、腹部及尾下是白色，嘴及腿红色，黑色部位具有绿色和紫色的光泽。眼周裸露皮肤红色。

黑鹳

2　捕食也危险

垃圾背后

　　在一个知名的旅游城市的郊外，由于人们随意丢弃各种生活和建筑垃圾，也不进行分类，青翠的草坪上兀地多了一个垃圾堆。原本无比洁净的牛背鹭却选择站在垃圾堆的制高点上，让我很是纳闷。看着围绕在它周围的垃圾，我不禁想到：如果它吃了有害或有毒的食物造成生病或死亡，该怎么办？如果是它吃了不健康的食物再喂给它的宝宝又该怎么办？如果它飞到别处将病毒或疾病传染给其他同类，该会造成怎样的后果？这样的恶性循环又该如何终止？

占据制高点

苍鹭长眠

　　一片广域的水面上，我隐约发现远处的枯草中好像有鸟儿，不禁一阵惊喜！我赶紧用长焦镜头放大看，焦距在慢慢地放大，画面也越来越清晰，可我原本愉悦的心情却一点点消失，出现在我镜头里竟是两只早已长眠于此的苍鹭！望着这样凄惨的画面，我慢慢地缩小焦距，镜头里的画面越来越模糊，但在我的脑海里，那幅画面却早已深深刻下，让我久久不能释怀。

长眠的苍鹭

3 和人类共存

聪明的鸟

　　人类会制造工具，可以制成各种不同形式的网来"请鱼入瓮"，而这些白鹭、鹬等则很快学会了在人们布下的渔网边等待着"漏网之鱼"，有时甚至会从网中直接获取"瓮中之物"。

　　静止的网和运动的鸟形成一种耐人寻味的画面。鸟类的聪明在这些画面中展现得淋漓尽致：有些鸟在网边观察等待着，当鱼儿游到网边时，只要在触网的一瞬间露出一丝马脚，便迅速冲入水中将其捕获；有些鸟则排着队在网边窥视着，时刻准备着一头扎入水中捉鱼。白鹭居然懂得用人类已经设好的网来为自己创造便利，这让我惊讶之余，更被鸟类的智慧所折服。

　　与此同时，我还注意到了在岸边的鹬。它们的习性和白鹭一样，都喜欢在沿海浅水及淡水沼泽地寻食，但它们却没有白鹭那样机灵，而是漫无

白鹭的智慧

首钢集团办公大楼前的白鹭

目的地四处寻找，显然这样不太容易锁定目标，所以它们往往要寻找很久才能有所收获。

生态办公

回想当年首钢集团在北京生产时曾有较大的污染，那时的空气中总是含有一些浮尘。而现如今，这里再也不是黑烟和灰尘，而是一片干净澄碧的天空了。2010年10月，在河北唐山曹妃甸首钢集团新建的办公大楼前，我看到有两只白鹭在水塘中嬉闹并寻找食物。这让我很是高兴，看来新建厂后，人们都充分注意到了对生态环境的保护，开始在工业发展与自然保护中寻找平衡点。

救助池鹭

2011年7月9日，我来到上海崇明岛。仲夏的崇明，一片翠绿。行进中我突然发现稻田中有黄白色的头在窜动，立刻掉头架好相机，伸出窗外，原来是牛背白鹭！想起去年在此拍摄却逢雨天的遗憾，便连拍数张。之后来到了东滩湿地，这儿又是另一番景象：鸟鸣声此起彼伏，清脆悦耳，大小鸟儿穿梭飞行，一只东方大苇莺①独登枝头，先是自鸣自乐，后是细心捕虫，但就是不远飞。这时陪同我的上海"生态视觉"图片库的创

| 东方大苇莺

雀形目 莺科
体型约19cm，具显著的皮黄色眉纹。尾较短且尾端色浅，下体色重且胸具深色纵纹；上嘴褐色，下嘴偏粉；脚灰色。

东方大苇莺

黑水鸡

办人张斌说，这里肯定有它的巢！果然，不一会儿，它衔着一只抖动着翅膀想摆脱它的束缚的小飞蛾，兴奋地扇动翅膀飞向芦苇丛中，喂它的小宝宝去了。茂密的芦苇挡住了我们的视线，不得已，我们只好离开。正要转身离开时，一只大杜鹃[1]落在栈道的栏杆上，左看看，右瞧瞧，我们转过栏杆举目远望，骨顶鸡[2]、黑水鸡[3]和它们的幼鸟正耐心地寻觅食物。但据张斌讲，这些鸟以前在这里很少见。

下午，我们来到了森林公园，进园不久便看到池鹭[4]在林子里穿梭飞行。这时我夫人张滨发现有只鸟落在了低矮的树丛中，顺着它下落的方向寻去，高高的杉树上是它的巢，想必它是从那掉下来了。我们细一看，原来它还是一只

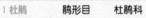

1 杜鹃　　鹃形目　　杜鹃科

俗称布谷鸟，体形大小和鸽子相仿，但较细长，上体暗灰色，腹部布满了横斑。脚有四趾，二趾向前，二趾向后。

2 骨顶鸡　　鹤形目　　秧鸡科

嘴长度适中，高而侧扁。头具额甲，白色，端部钝圆。翅短圆，跗蹠短，短于中趾不连爪，趾均具宽而分离的瓣蹼。体羽全黑或暗灰黑色，多数尾下覆羽有白色，两性相似。

3 黑水鸡　　鹤形目　　秧鸡科

又名红骨顶，体型约31cm，额甲亮红，嘴短。体羽全青黑色，仅两胁有白色细纹，脚绿色。

4 池鹭　　鹤形目　　鹭科

典型涉禽，胸、喉部的羽毛为白色，头和颈栗红色，背羽紫黑色。虹膜金黄色，眼先裸部黄绿色，嘴黄色、端部黑，跗蹠及趾浅黄色。

救助池鹭幼鸟

池鹭幼崽。因我们刚进园，还要继续拍照，所以大家决定不动声色先让它待在这儿，等我们回来时再来救助它。大约两小时后，我们又来到此地。站在小池鹭所处的小树下，只见它依旧无奈地藏在那儿，楚楚可怜的样子让我们都很心疼。于是我们马上展开讨论，看怎样救助它。原想把它救下来，交给公园管理处由他们处理，但转头一想，他们不是鸟类饲养专家，不知怎样照顾这么小的鸟，那么它可能会很快死掉。最后我们一致决定将它带走，交给张斌的父母，请他们帮忙照料，因为他们原来都是动物园饲养鸟类的专家，所以交给他们应该是最佳选择。于是大家齐动手，有拿帽子接的，有轻轻晃动树的，最后将它从树上取下来放进帽子里。这一过程被另一个陪同我的当地武警黄参谋记录下来了。到家后，张斌的爸妈一边忙着招待我们，一边为饲养小鸟作准备。两位专家一起忙碌着，把事先化好的小鱼，用心地一条一条喂到小池鹭嘴中。四条小鱼进肚之后，小家伙精神多了。接着两位专家又给它布置了一个新家——大

给小池鹭喂食

放飞

鸟笼。他们每天要喂小家伙五六次。原来以为一周后便可以放飞，但结果经过了一个月的训练和喂食后，他们才放心地让它回归大自然。

感谢他们救助了一个这样美好的小生命，同时也给更多的动物保护者做出了榜样，希望每个人都来保护这些可爱的鸟儿，让爱心传递下去。

第4章
拾零海边情

水中楼台镜中水月

我在这 你便在那

意外相逢 拾起散落一地的

千丝万缕

拓宽思想的领域

也许这并不是单纯的

磁场交汇

便是这次不经意的用意

那意外的泪水决堤

并不是所有的意外都是美丽

却发现

沿路追寻着心的诉求

踩着海边的碎石

给我一个驻足的借口

给我一个向前走下去的理由

我会低头轻轻告诉手里的相机

一切都会注美好的远方走下去

走下去……

1 原生态的真情

永不抛弃的伟大

2010年8月的一天，我来到天津与河北交界的一个养殖区，偶然间看到了一只受伤的白腰杓鹬，它总是飞不多远就要停落一次。这让我很好奇，经过仔细观察才发现，原来它的一条腿受伤了，颜色已经变黑。观察一段时间后，我又发现它的周围总是有一个同伴和它形影不离，时而带着伤者飞行，时而替它观察周围的情况并替它捕食。我猜想，它们之间一定存在某种特殊的情感，或是友情，或是爱情，或是亲情。这种情感使得那只没有受伤的鹬不忍心抛弃它，心甘情愿地为它引路，并承担起照顾它的责任来。它们这种彼此关爱对方，面对伤者，不离不弃、相伴左右的情感真是令人心生敬意！我实在不忍心为了把它们拍到一个理想画面里而惊扰它们，于是只拍了一张伤者的特写，虽然有一点遗憾，但还是希望它们能够一直相依相伴。

受伤的白腰杓鹬

亲情演绎的幸福

密密麻麻的草丛，嵌着一洼洼清亮的湖水，水面映出太阳的七彩光芒，就像神话故事中的宝镜一样。黑翅长脚鹬[1]身穿黑色风衣，再配上鲜红的"丝袜"，真有点"女强人"的派头。它时而翱翔于高空，英姿飒爽，时而降落在水边，亭亭玉立。在四周环视了一圈之后，它便发现了旁边的食物。说时迟，那时快，只见它迈开那修长的腿，一个箭步冲上将猎物拿下，这便是它宝宝的美味午餐了。

但无论怎么强势，在自己的孩子面前，它总是温柔的。这只黑翅长脚鹬妈妈，开始耐心地教它的孩子们捕食，教它们如何保护自己。和煦的阳光轻轻洒下来，在享受了美味大餐之后，也不忘带着一双儿女出来散散步，遛遛弯。这对可爱的鹬宝宝，一会儿嬉戏玩闹，一会儿在草丛之中玩捉迷藏，空气中洋溢着它们的欢声笑语。但是，鹬妈妈却一直保持着警惕，因为它要时刻注意这周边可能的危险，要保护宝宝们的安全，让它们可以安全、健康、开心地成长。

| 黑翅长脚鹬

鸻形目 反嘴鹬科
体型约37cm。高挑、修长的黑白色涉禽。两翼黑，长长的腿红色，体羽白。颈背具黑色斑块。

黑翅长脚鹬一家

爱情升华的交合

2011年5月15日，我们早晨八点从新疆阿勒泰出发，前往布尔津，从阿勒泰到布尔津大约有100公里的路程。那里与北京有两个小时的时差。初夏的早晨，路旁笼罩着薄薄的雾。太阳还没有出来，越野车在217国道上飞奔，吹进车里的风，带着丝丝凉意。

透过车窗的玻璃，我们发现在一片水塘中，云集着大大小小的鸟儿，就像在举办一场大型的“时装秀”；它们有的在鸣唱着动人的歌曲，有的在优雅地走着猫步，有的亭亭玉立似若有所思，有的在窃窃私语……真是热闹非凡。我们也无法拒绝它们的那一份热情，迫不及待地想融进它们的世界，分享它们的快乐和幸福。于是我们立即掉头，去捕捉它们每一个天真烂漫的神情。为了尽量贴近它们，我们绕了一个大大的弯，待车熄火后，悄悄溜到离它们最近的路边，打开车窗，把相机架好，开始寻找目标。

首先出场的是翘鼻麻鸭①，晃动着它们那丰腴的身体，缓缓走过来。它们那迷人的红嘴唇真是太抢眼了！再配上那件价值不菲的“貂皮大袄”，在这场时装秀上真是出尽了风头，它们翘起那鲜红的额头，以一副盛气凌人的姿态四处观察，然后优雅地低下头，吃一点儿“甜品”；过后，可能是觉着有些无聊，便想走了，走时也不忘轻轻拍掉刚刚掉在身上的碎屑，尽显贵妇人的傲气！

接着踏上“红地毯”的是白眉鸭②，它几乎是用近乎蹒跚的脚步走来的，漂亮的身躯和细细的“手臂”显得极为不协调。刚开始它也显得有些别扭，两只“手臂”总是不断地扯着衣服，或是抖动着，有些不知所措，但它毕竟还是见过大世面的，很快就调整好了自己的状态，信心十足地走上前，还不时和观众打招呼问好！

1 翘鼻麻鸭

雁形目 鸭科

雄鸭嘴是黑色，头和颈淡是栗色，有白色细纹，眉纹是白色，宽而长，一直延伸到头后，极为醒目。

2 白眉鸭

雁形目 鸭科

雄鸭嘴是黑色，头和颈淡是栗色，有白色细纹，眉纹是白色，宽而长，一直延伸到头后，极为醒目。

翘鼻麻鸭

白眉鸭

正在求偶的红脚鹬

接着登场的还有许多大牌，有纤纤女郎，有帅气小伙，它们个个打扮得花枝招展，玉树临风，有黄色摆尾裙，有黑色燕尾服……看来它们都是极为重视这场时装秀的，都想留下一个最好的印象。不经意间，我们变成了最大的赢家，不仅可以一饱眼福，还可以留住这美好时刻，并且与更多的人分享它们。

在一阵欢呼声中，我们的"压轴人物"终于出现了，原来是最近频出绯闻的红脚鹬①先生和红脚鹬小姐上场了。红脚鹬先生可是毫不避讳，居然在公众场合也不忘向红脚鹬小姐示好，它不停地展现美丽的身姿，吸引对方，一会儿跳民族舞，向上展开双翅，不停抖动，一会儿又玩起了街舞，侧身展翅，还不时耍几个绝技，来个冰上侧滑的芭蕾。表演了好半天，功夫不负有心人，在一旁观看的红脚鹬小姐终于肯赏一个脸，向它缓缓走过来，并有说有笑地交流起来。在它们进行了短暂的亲密交谈之后，红小姐似乎被红先生的一片赤诚所感动，决定给这个美丽王子一个机会，让它飞到了自己的后背上。一场双人舞表演开始了，红先生使劲地扇动着翅膀，在蓝天、碧水的背景下，为我们呈现了一场美轮美奂的表演，它们进行爱的交融，演绎着美好的爱情故事。

| 红脚鹬

鸻形目 鹬科

体型约28cm，腿橙红色，嘴基半部为红色。上体褐灰，下体白色，胸具褐色纵纹。比红脚的鹤鹬体型小，矮胖，嘴较短较厚，嘴基上红色较多。飞行时腰部白色明显，尾上具有黑白色细斑。

电厂怀揣的小温柔

伫立于某开发区,举目远眺:茫茫一片滩涂已被发电厂和海产品养殖场占据了。昔日的滩涂为了人类发展的需要,付出了全部。望着这些建筑,我不禁陷入了沉思:这里的生态会遭到破坏吗?鸟类会受到伤害吗?

忽然,成群的反嘴鹬飞涌而来,杂乱无章。我抬头仰望,只见它们洁白的身躯从远处飘来,仅翼尖有一点点黑色,还伴着一声声清晰似笛的叫声。不一会儿,它们便断断续续地落在了养殖场的浅滩上寻找食物。它们都自食其力,很认真地在浅滩上寻找食物,但是它们的动作让人捧腹,它们总是在那里不停地左右摇晃着头,一边摇还一边往前走。

看着它们低头觅食、互相打闹的场景,我想它们是快乐的。现代社会迅速发展,建筑物也多了起来,但这些建筑与环境是不矛盾的,因为它在给我们人

城市边上的反嘴鹬

工厂边上的反嘴鹬

类提供便利的同时，也给鸟儿留了一席之地，让它们无忧无虑地成长！

渔村网罗的小浪漫

一路驶来，在渔村旁、工厂边、住宅前都有鸟儿飞行的踪迹。它们不管时间、地点，都是率性飞翔，降落在屋角上、船舷上……反正只要有一点儿空间，它们就毫不客气地站在上面"指点江山"，惬意得很！这一块儿似乎是大杂居，各色各样的鸟儿应有尽有。它们好像相处得也很融洽，成群的海鸥、鹬类鸟儿在天边共同飞舞，虽与人类的生存环境保持着近距离的接触，但它们的生存并没有受到威胁，还是在此安居乐业！看来这儿的人们很乐意和这一群可爱的鸟儿和谐相处，享受它们奇妙的世界。而我也真心希望这种完美的画面能长久地保持下去！

车儿故意的小邂逅

每次开车前往目的地的途中，我都会看到公路边上的湿地或水塘中有鸟儿的踪迹，它们小巧玲珑的模样在我的脑海里留下深深的印象。公路上来来往往的车辆高速运行着，人们很少会关注不经意闯入眼帘的小鸟，而我却很细心地留意着这一切。它们在湿地或池塘中找到食物后，就会腾空而飞，有时和汽车相伴相行，有时则会南辕北辙。但不管怎样，在我看来，它们和高速公路上的汽车相互映衬，构成了一幅和谐完美的画面。

鸟与车相映衬

漂泊荡漾的小港湾

透过开发区铁丝网的视线，一派繁荣景象映入眼帘：茫茫大海，海水满盈盈的，在阳光照耀下闪烁片片金光，偶尔微风掠过，只吹起了绝细绝细的千万条粼粼的小皱纹，海岸边那丛丛绿草把自己打扮得青青翠翠，如赶赴市集似的奔聚而来。

海上数群白点，在这水天一色、金光闪闪的海面上，就像几片雪白的羽毛似的，轻悠悠地飘动着，飘动着。或许是累了，它们便振翅向海岸飞去，但它们却惊奇地发现，这儿居然蓦地立起了一排五线谱似的落脚点。虽然未经它们的允许，就擅自为它们的家园"添砖加瓦"，显得有些唐突，但这并不使这群小家伙恼火，因为它们也正计划着要添置些"家具"呢，看着这意外之喜，它们便唧唧喳喳地炸开了锅，欢喜得不得了。随即它们便在这"五线谱"上找准了各自的位置，准备要庆祝这美好的时刻了！

几只淡定的棕头鸥[1]，在那闭目养神，也许是在畅想着今后能在这儿驻足远眺，接受阳光的洗礼、风儿的抚摸，这对于鸟儿来说又何尝不是一大爽事呢？

1 棕头鸥

鸥形目 鸥科

全长约为42cm，背灰，初级飞羽基部有大块白斑，黑色翼尖有白色点斑为本种识别特征。棕头鸥冬羽眼后有深褐块斑，夏羽头及颈是褐色。与红嘴鸥的区别在于虹膜色浅，嘴比较厚，体型略大，而且翼尖斑纹不同。

休憩的棕头鸥

发人深省的大工程

但任何事物都有其两面性。像填海造陆这样古人子子孙孙也不一定能完成的事业，我们今天轻而易举就能办到了。我们只需用抽水机连泥带海水一起抽到高处，再把沉淀的清水放出，留下干泥，一块土地就奇迹般地出现在我们眼前，版图多了一点陆地，而少了一点蓝色，一个新的开发区如空降般落地。然后，马不停蹄造厂房、围栏杆，等等。人们以主人翁的姿态踏进这里，根本就没有意识到要和这儿原来的主人商量一下，在达成某种协议之后再动工。原本谦虚礼让的我们，那一刻好像失去理智一般，完全不顾主人的感受，便反客为主了。

在动工过程中，这里的主人也曾试图捍卫自己的正当权益，但结果可想而知，在这场人与鸟的大战中，我们用智慧取得了胜利，并毫不留情地将失败者赶出了它们的领地。胜者为王，败者为寇。我们当然有权享受胜利后的喜悦，并开发出更多土地好好犒劳自己，可当这一切都是建立在鸟类的痛苦之上的时候，我们是不是该好好反思一下呢？

红嘴鸥

在填海造地中生存

擦身而过的小和谐

朝阳把它的光芒射向海面，微风乍起，细浪跳跃，搅起海面满满的碎金，此时，海面也由墨蓝一变而为湛蓝。太阳似乎永远都是那么公平，把它的温暖洒向每一处角落。近处的黑翅长脚鹬因阳光和暖而惬意地踱着步，像极了领导视察时那种泰然自若、气定神闲的姿态，时不时地还点点头，望望远方那片绿油油的风景，然后微笑着又往前走，尽显大家风范！

远处浇灌水泥的设备正在努力地工作着，而在工厂前面的海鸥则是优哉游哉，看样子快活极了，它们低着头，啄着松软的泥，从中寻找着蚯蚓。有时候它们也会停下来，交流互动一下。这时，有两个人推着自行车走过，原本以为它们会受到惊讶而慌忙飞走，可它们却依旧我行我素，镇定自若，看来它们还真是只把他们看成是生命中的过客，没有引发半点涟漪啊！

气定神闲的红嘴鸥

3 大海边的翔姿

黑白翻转的瞬间

湛蓝的天空中，鸟的翅膀撞击着空气，那些不着边际的蓝和白，被这飘逸的黑白绸带点缀成了另一种情调。望着它们，顿时觉着自由、光明、美好都在紧紧地拉扯着我的神经。它们不停地转换姿势，其动作之快，幅度之大，让我惊叹。

俯冲而下的潇洒

海鸥的明净、洁白、矫健，给这茫茫的海天平添了一派生气。几只觅食的海鸥不时掠过海面，它们以海滨昆虫、软体动物、甲壳类以及耕地里的蠕虫和蛴螬为食；也捕食岸边小鱼，或拾取岸边及船上丢弃的残羹剩饭。有些大型鸥类甚至

群鸥飞处

掠食其他鸟(包括其同类)的幼雏。微风中隐约传来悦耳的鸥声。海鸥在空中一发现水中的食物，便马上呼朋唤友，闪电般从云端俯冲下来，在接近水面的一刹那，又突然像羽毛一样轻便地飘落，擦着浪峰。

漫漫天际的热闹

2011年4月30日，我们一行三人前往天津海边拍鸟，结果抵达天津后却令我们失望，原本是满怀信心而来，没想却扑了个空。由于下午还有事，我们吃完午餐后便不得不往回赶，回家途中，却有了意外之喜。

茫茫无际的大海之上，横亘着两条用来拦截海水的狭长小道，外面是大海，小道内是海水养殖区，那儿便成了鸟儿们的落脚之地。海风是调皮的，一会儿把那朵悠闲的云赶得满天跑，一会儿又漫卷海沙，让它们抚摸我们的肌肤，甚至跳进我们的眼球。但黑尾塍鹬①很聪明，它们借助海风的势力，群起而飞，我很喜欢看天空中鸟儿们雄健的阵势，那么豪迈，那么壮阔，那么一往无前地飞行。这当然不是每天都能看到的，于是我赶紧

| 黑尾塍鹬

鸻形目 鹬科

体大 (42cm) 的长腿、长嘴涉禽。过眼线显著，上体杂斑少，尾前半部黑，嘴长且笔直。

黑尾塍鹬的空中阵势

拿出相机，捕捉这些壮观的画面，它们上下飞舞、鸣叫。当一双双轻柔的翅翼拨动着天空，在蓝天白云间浮游的时候，那一翕一张之间，黑白交替，翅膀下那点点白舞动着，晃动着我们的眼睛。当它们飞到一定的高度时，就会很有规律地向两边延伸，顿时，一座宏伟的拱形桥就落成了，蔚为壮观！接着它们变换了姿势，摆成了新的图形，就像一张偌大的银屏悬挂在空中，表演完精彩的节目之后，就徐徐落幕，干净爽利，落落大方。

清爽潮湿的带着淡淡海腥味的海风，吹拂着人的头发、面颊、身体的每一处，使人顿时觉得神清气爽，反嘴鹬也在海风的抚摸下慢悠悠地走着，把它那长长的嘴探进水中，捕捉食物。有时它们也会和中杓鹬一起载歌载舞，热闹之极！

远处的运沙船正努力地工作，为着它的使命，悠闲的小鸟们在无忧无虑地围绕着它飞翔，一会儿盘旋，一会儿俯冲，发出喜悦的叫声。

天生的短跑健将

小巧玲珑的金眶鸻①以快节奏的步伐走着，油亮的羽毛，蓬松松的像个小

1 金眶鸻

鸻形目 鸻科

体型约16cm，嘴短。翼上无横纹。飞行时翼上无白色横纹。嘴灰色；腿黄色。

群鸟嬉戏

金眶鸻

球，一双炯炯有神的眼外，画了一圈黄色的眼线，可精神啦！别看它个头小，跑动能力可是顶呱呱的，两条小腿高速运转，好像永远都不会停下来。它一般活动在水边沙滩或沙石地上，常边走边觅食，食物以昆虫为主，兼有植物种子、蠕虫等。它们行走时还伴随着一种单调而细弱的叫声，通常急速奔走一段距离后稍微停一停，将嘴伸进泥土里，捕捉食物，紧接着快速地转移位置，再向前走。

4 那折翼的天使

酒瓶漂泊的无奈

当年杨贵妃醉酒后的娇柔朦胧之美，一直为后人传诵，多年来，贵妃醉酒这一经典画面被人们翻版了N次。为了别出心裁，独树一帜，有人便想让鸟儿们也赶赶时髦，做到"有福同享"嘛。虽说纤弱的小鸟没有杨贵妃丰腴的体态，但还是有人想尝试一番，看能不能取得惊艳的效果，也许能让鸟儿们一炮而红呢。带着这个"宏伟且无私"的目标，那些人开始付诸行动了。他们慷慨地赏了不同口味的美酒给鸟儿们，虽说每瓶酒中量不多，但对于这些娇小的鸟儿来

鸟儿也喝酒

在如雪泡沫中觅食的鸟类

说，还是绰绰有余的。望着满地狼藉的酒瓶，足可以看见那些人的"用心之诚"，他们为了这群默默无名的鸟儿们可谓是花了血本！可鸟儿们却演绎成了历史上的另一人物——东施，看着它们垂头耷脑、摇摇晃晃的模样，真是辜负了那些人的"良苦用心"啊！

海水变白的乌龙

有一次去河北省丰南县海边拍鸟时，竟然弄出了一个乌龙案。原本，蔚蓝色的大海边，汹涌的潮水，后浪推前浪，挟雷霆万钧之势，如万马奔腾。波浪一个连着一个向岸边涌来。有的升上来，像一座滚动的小山；有的撞了海边的礁石上,溅起好几米高的浪花，发出"哗——哗——"的声音。但奇怪的是，那天，当我屹立在岸边的沙滩上向海边望去时，却看见海滩上白茫茫的一片，开始疑是片片浪花，后来才发觉那是一层层白色的泡沫，被海浪一波又一波地推送到大海边，像雪花般堆积在那里。很多反嘴鹬、中杓鹬和海鸥在那里驻足休息，寻找食物。那时，我以为是海水受到了污染才变成这样，很是痛心，回去一查才知道，这些泡沫是由大海生态系统中的有机材料形成的，英国也出现过类似的奇观。

土地枯干的零落

当然并不是所有景色都是美的。当冬天来临后，放眼望去，龟裂的土地像是裂开的冰层，却没有一丝水的影子，偶尔冒出来的一点儿绿色，便是这块土地莫大的装饰。这一幕幕景象令人揪心。这又何尝不是一张历尽沧桑满是皱纹的脸？在贡献出她最后的一点能量之后，便被无情地抛弃了，那星星点点的新绿便是她最无声的呐喊与控诉。在为人类奉献了一生之后，她便归于尘埃、归于寂静了。

但人类终归还是"有情"的，我们大方地把黑翅长脚鹬和大勺鹬等天使派来陪伴她了，并为我们"伟大"的行为感到深深的自豪。天使们在我们"糖衣炮弹"的轰炸下，扑腾着翅膀来到这里了。它们在"盛情难却"之余，也意识到，除了感激我们并努力适应这个宽敞的新家之外，别无他法。望着这百废待兴的家园，它们也曾想伸展拳脚，大有作为一番，可无奈力不从心，便只好作罢。从此，它们便只能努力寻找着，哪怕是一点儿能下肚的食物，每天就这样

在贫瘠大地上觅食的黑翅长脚鹬

中杓鹬

令人难受的画面

无精打采地走着，偶尔看到那难得的一点新绿，就好像发现新大陆一般，欣喜极了，赶紧凑过去嗅嗅，但希望过大，失望也会尾随而至，看着这娇嫩的颜色不是自己期盼中的美食，心中的失落可想而知。

这些天使们，花样的年华，原本应该是诗样的生活，却为着这样一个"神圣"的任务沦落至此，而这一切只缘于我们的一厢情愿。

不再醒来的哀伤

灰蒙蒙的天空，发黄的臭水，腐烂的气味充斥着我的鼻孔，扰乱着我的神经。这一切的一切都这般赤裸裸地呈现在我眼前。

它静静地躺在那里，一动也不动，嘴角边还沾着些许细泥，紧闭着的双眼，依旧显现出一丝动人的轮廓，只可惜那头部以下干瘪瘪的身子，瘦骨嶙峋，着实有些不堪入目。凌乱的羽毛掩盖着身体，那羽毛和着泥水，黏糊糊湿漉漉的。这曾经也许是美鸟的它，如今竟受到这么不公正的待遇，想来它也觉得很不舒服吧！继续往远处看，又是一只只永远沉睡不起的"睡美人"，它们随意躺着，随着那波动的流水而改变"睡姿"。这一只只曾在天空追求过梦想的鸟儿，如今怎么会在此"随波逐流"？我按响快门记录着这一令人难受的画面，但我也想，但愿这一切与我们人类无关！这不美好的画面会敦促着我们永远去追求美好！

第5章
网罗百千态

清晨的蓝色河滨
倒影了你们逗留的山水
城市七彩霓虹的交错
又怎比此刻枝丫的游戏
你我的情永恒的爱
承诺在水天之间
挂在你的翅膀边 渐行渐远
呢喃着融入呼吸的节奏
我紧紧抓住这韵尾的唯美
穿梭在生灵踏过的空间
大珠小珠落玉盘的天籁

而此刻我的左右手
便是生命的相框
阻隔外界的纷纷扰扰
框住你们的亲亲密密
如果生活能够停止
我多想时间能够定格在这里
与世无争
就这样
多好

1 取食各有道

八仙过海，各显神通。百鸟取食，各有其道。这里主要展示暗绿绣眼鸟[1]、灰喜鹊[2]、八哥[3]、白头鹎[4]、珠颈斑鸠[5]、火斑鸠[6]等鸟类饶有趣味的取食方式。

倒挂的金钟

这是我于2010年10月份在四川省西昌市拍摄的一张照片。在一大片的树林中，累累的果实，缀满了枝头，就像一个个胖娃娃似的，红着脸，扒开树叶，俏皮地向人们微笑着。有的七八个挤在一起，好像是在窃窃私语；有的三五个一堆正在做游戏，还有个别不合群的，独自站立在枝头上。在中午的阳光下，它们的脸蛋儿开始红起来了，宛若万点星火，又似颗颗殷红的玛瑙，在绿叶的映衬下，耀眼夺目。就在我陶醉于这幅画一样的美景中时，暗绿绣眼鸟大摇大摆地飞了过来。太阳照在它黄澄澄的羽毛上，使它全身顿时变得金灿灿的。它挑选了一个高高的枝头，轻盈地落在树梢，东看看，西瞧瞧，然后满意地点点头，好像是对人们安排的这一场盛宴很是满足。据说，暗绿绣眼鸟性格非常活

1 暗绿绣眼鸟　雀形目　绣眼鸟科
体型约10cm，上体鲜亮绿橄榄色，具明显的白色眼圈和黄色的喉及臀部。胸及两胁灰，腹白。嘴灰色；脚偏灰。

2 灰喜鹊　雀形目　鸦科
体长33～40cm，嘴、脚黑色，额至后颈黑色，背灰色，两翅和尾灰蓝色，初级飞羽外翈端部白色。尾长、呈凸状具白色端斑，下体灰白色。外侧尾羽较短不及中央尾羽之半。

3 八哥　雀形目　椋鸟科
体型约26cm，冠羽突出。嘴基部红或粉红色，尾端有狭窄的白色，尾下覆羽具黑及白色横纹。嘴浅黄，脚暗黄。

4 白头鹎　雀形目　鹎科
体型约19cm，眼后一白色宽纹伸至颈背，黑色的头顶略具羽冠，嘴近黑；脚黑色。

5 珠颈斑鸠　鸽形目　鸠鸽科
体型约30cm，尾略显长，外侧尾羽前端的白色甚宽，飞羽较体羽色深。明显特征为颈侧满是白点的黑色块斑。嘴黑色；脚红色。

6 火斑鸠　鸽形目　鸠鸽科
体长约23cm，成年雄鸟顶部为青灰色，颈后有黑色颈环，翅膀、胸腹和肩背为红褐色，胸腹部羽毛颜色浅于肩背部。成年雌鸟全身灰褐色，与灰斑鸠类似，且体形比雄鸟略小，腿部为深褐色。

啄食的暗绿绣眼鸟

泼，并且喜好喧闹，经常会在树顶觅食小型昆虫、小浆果及花蜜。可想而知，看到这鲜红嫩绿的果实，它该有多么兴奋：它高兴地叫起来，声音清脆悦耳，婉转动听，嘴下的羽毛一抖一抖的，尾巴还自由自在地摆动着。忽然，只见它倒垂身体，去低头吃那些果子，尽管它细嚼慢咽，很是斯文，但那样的姿势还是着实吓了我一跳。

探索的勇敢

下午，我带着相机继续在西昌的街心公园寻找鸟的踪迹。在一棵老树上，一只大山雀①似乎对老树那"身经百战"后留下的"伤口"很是好奇。这也难怪，因为大山雀好奇心极强，凡是碰上它感兴趣的事物，总会一探究竟。它的另一个特点是性格活泼，有非常出色的即兴行为和动作。不睡觉的时候很少能安静下来，时而在树顶雀跃，时而在地面蹦跳。于是它俏皮

| 大山雀

雀形目 山雀科
体型约14cm，黑、灰及白色山雀。头及喉辉黑，与脸侧白斑及颈背块斑成强对比；翼上具一道醒目的白色条纹，一道黑色带沿胸中央而下。雄鸟胸带较宽，幼鸟胸带减为胸兜。

地将脑袋探到里面去。刚开始，还是小心翼翼地试探着，玩了一会儿之后，胆子也慢慢大起来了，径直将脑袋伸了进去。原来，它在"伤口"里得到了意外收获——虫子，无意间居然发现了这样一个"聚宝盆"，让它无比兴奋。

与人类抢食

2010年秋，在北京西郊的一个院落里，一颗柿子树的叶子已经掉光，熟透了的柿子挂满了枝头。主人还未来得及采摘完，来自附近的穿着不同服装、操着不同口音的"采摘客"，连门票都没买就开始采摘。它们中间有最常见的灰喜鹊、八哥还有白头鹎。不同的鸟儿有着不同的吃姿：有的悬挂枝头用力啄柿子皮，攻下一个后又飞到另一个枝头啄下一个，好像是在品尝哪个更美味。累了就待在枝头稍作休息，还不停地欢叫着好像是在召唤同伴们也来分享它的战

俏皮的大山雀

果；有的甚至一头扎进柿子里品尝柿子瓤的美味。它们的到来，给寂静的院内增添了不少生气，不一会儿树上便剩下许多半个半个的红灯笼，真让主人和路人哭笑不得。

扇衣俯冲式

2008年夏，我在去湖北宜昌路上的小溪旁，偶然碰到了冠鱼狗[①]。它常光顾流速快、多砾石的清澈河流及溪流，喜欢在大块岩石上休息，飞行速度慢但很有力，喜欢独来独往，主要以鱼、虾、水生昆虫等水生动物为食。瞧！它头顶花冠，尾巴像扇子一样张开，尖尖的小嘴已微微张开，一对矫健的翅膀正跃跃欲试，看来它已找准了目标，现在正以居高临下的姿态等待着最佳的时机，然后将目标一举歼灭。

| 冠鱼狗

佛法僧目 翠鸟科

体型约41cm，冠羽发达，上体青黑并多具白色横斑和点斑，下体白色，具黑色的胸部斑纹，两胁具皮黄色横斑。嘴黑色；脚黑色。

不买票的"采摘客"们

蓄势待发的冠鱼狗

2 吃相大不同

所谓"萝卜白菜，各有所爱"，鸟儿们也有各自不同的口味。有的爱吃植物的种子和果实，有的爱吃昆虫，有的甚至吃自己同类，有的来者不拒，什么都吃。

狼吞虎咽

2010年8月5日，我借出差的机会，来到湖南益阳拍摄。在当地王老师的引导下，我目睹了棕背伯劳①凶猛的一面。这种鸟多以昆虫等为食，也会吃其他小鸟和啮齿动物。我们在小道上行走。突然，一只小鸟从我上空迅速飞过，隐藏于几片树叶之后，我们待它安顿好后，再仔细观察，才发现它是灰背伯劳。只见它的喙配合锋利的爪子，将捕捉到的蜻蜓分解成几段，整个过程动作娴熟，一气呵成。我们还来不及拍手称赞，它就已经得意地伫立于枝头，昂首挺胸。那神情，就好像是完成了伟大而光荣的任务，正准备接受嘉奖呢！

嘴脚并用

2011年5月，尽管气温已慢慢回升，但在新疆，山依旧围着一条白围

1 棕背伯劳

雀形目　伯劳科

体型约25cm，头大，喙短但强壮有力，上喙具凹刻，先端向下弯曲成利钩，能可以牢靠地捉住动物，脚短而强健。成鸟的额、眼纹、两翼及尾是黑色，翼有一白色斑，头顶及颈为背灰色或灰黑色。

棕背伯劳吞食蜻蜓

盘旋的鸢

巾，鸢时而兀自孤立在雪山上，一动也不动，时而在高空一圈又一圈地盘旋，寻找着理想的目标，虽然没能捕捉到它像黑色的闪电一样俯冲下来的雄姿，但我却目睹了它残食小鸟的整个过程。

　　只见它美滋滋地回到"餐桌旁"——一个木制的电杆。然后做餐前准备：首先一根一根地拔掉小鸟的羽毛，每拔一次，它都会环顾一下四周，看有没有"不速之客"到来，它可不想和别人共享美餐。紧接着，它用锋利的"餐刀"——鹰钩尖嘴，截断小鸟的脑袋，最后就把它慢慢地放在

鸢残食小鸟

"餐盘"——木电杆上，狼吞虎咽起来，样子看上去真是享受极了。可突然，它用两只脚死死地抓住还未吃完的那部分美食飞走了，我想，它可能是要将食物拿回去喂它的小宝宝吧。

以下这些小鸟是在不同时间和地点拍摄的，它们有的喜欢吃杂食，有的喜欢吃果实，有的喜欢吃草籽，有的喜欢吃花，有的喜欢吃植物的茎，等等。但不管喜欢吃哪一类食物，它们在吃食的时候都是非常小心的，因为它们的天敌都喜欢在它们进食的时候发动进攻。所以，我们在它们吃食物的时候最好不要去惊扰它们。下面是我和这些可爱小鸟们的偶遇经过。

在马路上，一只鹊鸲①在离我不远的地方落下，我马上停止前进，慢慢地拿出相机，正要拍时，它却又"嗖"地一下飞到马路边的树枝上吃果子去了。无奈，只能拍到它立于枝头的画面了。

在一片草丛中，我发现它孤零零地站于其中，周围都是草藤，在一根枯枝上环视了一圈之后，发现前方有草籽，便以最快的速度飞了过去。在另一片荒草中，一只白腰文鸟②正专心致志地拔草籽，然后津津有味地吃起来。

1 鹊鸲

雀形目　鹟科

中等体型（20cm）的黑白色鹟，雄鸟头、胸背闪辉蓝，腹及臀白色。雌鸟似雄鸟，但暗灰取代黑色。

2 白腰文鸟

雀形目　麻雀科

体型约为11cm的文鸟。上体深褐，具有尖形的黑色尾，腰白，腹部黄白。背上有白色纵纹，下体有细小的黄色鳞状斑及细纹。

鹊鸲

白腰文鸟

黄腹花蜜鸟

骨顶鸡幼鸟

在花丛中，黄腹花蜜鸟[①]宛若花仙子，被鲜花簇拥着，它太娇小了，以至于站在花骨朵上都不用担心会折断花枝，这些鸟喜欢结小群在花期的树丛间跳来跳去，雄鸟有时来回互相追逐，常光顾林园、沿海灌丛及红树林，繁殖时用树皮、草、树叶等筑侧面开口的长型悬巢。

在一片荷花池塘里，有许多鸟儿在这儿嬉戏玩闹。离我最近的是一只骨顶鸡幼鸟，在荷叶上闲庭信步，它对周围的荷花和莲蓬不感兴趣，唯独钟情于荷花的茎，用它红色的小嘴穿透嫩茎，然后吸取嫩茎里面的汁液。再稍远一点的荷叶上，也立了一只它的同伴，那薄薄的荷叶被它踩得有些凹下去了，真担心万一荷叶破了，它岂不成了落汤鸟？可它却一点都不担心，仍把小嘴伸向从水里生长起来的嫩草，并企图将其咬断。

清高优雅

2009年春，我来到甘肃龙湾，这里的春日充满朝气，使人心情格外清爽。珠颈斑鸠和火斑鸠也来凑热闹，它们混群活动，各占一个枝头，互相挑逗，它们的主食是果实、谷物和其他植物的种子，有时也会捕食昆虫。不一会儿，它们便在宁静的天边飞舞，还不停地在树枝之间来回

| 黄腹花蜜鸟

雀形目 太阳鸟科

体型约10cm，腹部灰白。雄鸟额及胸金属黑紫色，有绯红及灰色胸带，具艳橙黄色丝质羽的肩斑，上体橄榄绿色，繁殖期后金属紫色缩小至喉中心的狭窄条纹。雌鸟无黑色，上体橄榄绿色，下体黄，通常具浅黄色的眉纹。

享受美食的火斑鸠

扑腾着，居高临下地观察地面的情况，寻找着最佳的眺望点。但它们并不着急，先休息片刻，晒晒太阳，伸伸懒腰，然后迎风展翅，一个接一个，来到了一片花果簇拥的天堂，望着眼前诱人的果实，便将"矜持，谦让"抛诸脑后，只顾美美地享受大餐。

起飞的珠颈斑鸠

3 美丽万千态

世界上没有两片完全相同的树叶，同样，世界上也没有相同的两种美，一千种鸟便有一千种美，各有各的韵味，各有各的美貌！

最佳造型奖

这是一组我在不同时间、不同地点拍摄的各种鸟儿的出场方式，可谓千姿百态：有千呼万唤始出来的，有犹抱琵琶半遮面的，有簇拥着鲜花嫩叶大方出场的……

我到江西婺源进行拍摄时，一只白鹡鸰[①]孤零零地站在芦花杆上，四处张望着，它们主要栖息于河流、湖泊、水库、水塘等水域岸边，也栖息于农田、湿草原、沼泽等湿地，有时还栖于水域附近的居民点和公园，常成对或成群活动。这只颈上的斑纹像蝴蝶结的鸟笔直地站在那儿，不用说也可以猜到，它八成在等心仪之鸟或是伙伴的到来，偶尔还发出一声响亮的叫声，给同伴发出信号。

秋日的九寨，风景十分美，鸟儿也格外多，而且都特别漂亮。这时，一只红尾水鸲[②]轻轻地落在树枝上，它们有时独自行动，有时成对活动，喜欢站立在水边或水中石头上、公路旁岩壁上或电线上，有时也落在村边房顶上，停立时

1 白鹡鸰

雀形目 鹡鸰科

体型约20cm，体羽上体灰色，下体白，两翼及尾黑白相间。嘴及脚黑色。叫声清晰而生硬。

2 红尾水鸲

雀形目 鸫科

小型鸟类，雄鸟通体大都暗灰蓝色；翅黑褐色；尾羽和尾的上、下覆羽均栗红色。雌鸟上体灰褐色；翅褐色，具两道白色点状斑；尾羽白色、端部及羽缘褐色。

白鹡鸰

红尾水鸲

棕肛凤鹛

尾巴常不断地上下摆动，有时还故意将尾散成扇状，并左右来回摆动。也许是那些白色的小果子吸引了它的眼球，它慢慢地向前靠近，但又似乎有些害怕，也许是怕果子有毒吧，看它那犹豫不决的样子真是让人啼笑皆非。

　　在一片红色的树叶中我发现了棕肛凤鹛①，它通常结群并与其他种类混群，在"鸟潮"中它可是积极分子，发型时尚，积极参加各种鸟儿的集体活动。图片中的它，一双炯炯有神的大眼睛正盯着前方，找寻食物呢。

　　在宁夏去沙湖的路上，一身丰满光滑的羽毛，还夹杂着炫目的金黄色的金翅雀②闯进我的眼帘，在阳光下它金色的羽毛闪闪发光，色彩熠熠，优美的曲线，自信的眼神，好像一位明星隆重登场，浑身散发出夺人的光芒。

　　在一块长满苔草岩石上，白顶溪鸲③回眸一笑，尽显娇羞之美，在下午或阴

1 棕肛凤鹛　　雀形目　　莺科
中等体型（13cm）的褐色凤鹛。凸显的羽冠前端灰而后端橙褐色，白眼圈，性活泼，常跳窜于山区森林中，并发出短促的喊喳叫声。

2 金翅雀　　雀形目　　燕雀科
小型雀鸟，身体以黄、灰、褐色为主，具宽阔的黄色翼斑。雌鸟色暗，幼鸟淡且多纵纹。

3 白顶溪鸲　　雀形目　　鸫科
体大（19cm）的黑色溪鸲。头顶为醒目的白色，除腹及尾基部栗色外均为黑色。常见于小溪、河水附近。

白顶溪鸲

金翅雀

天的时候，它不太爱活动，有时伏栖在岩石或岸边树枝，不叫也不动地停留很久。当受惊时起飞很快，但其持续飞行的能力不强，飞不多远就要落下歇一会儿。

|黑短脚鹎

雀形目　鹎科

全长约20cm。头颈黑色或白色（因亚种而异），其余体羽黑色，嘴和脚红色。

　　在一片树叶的包围中，黑短脚鹎[①]一会儿立于枝头，一会儿在树枝间跳来跳去，一会儿又在树冠上方来回不停地飞翔，寻找植物果实和昆虫。

黑短脚鹎

雕鸮

它性格非常活泼，有时也到地上活动。喜欢鸣叫，有时站在树顶梢鸣叫，偶尔也见栖立于电线上，有时也会成群边飞边鸣。

在野鸭湖的一排栏杆上，我发现了雕鸮①。它瞪着红红的大眼睛，目视前方，两只短而小的耳朵直直地竖着。它在开阔平原草地、沼泽和湖岸地带较多见，多在黄昏和晚上活动与猎食，但也常在白天活动，平时多

1 雕鸮

鸮形目　鸱鸮科

体型约为69cm，耳羽长，有较大的橘黄眼睛，体羽褐色且有纵纹，羽伸到趾。

栖息于地上或潜伏于草丛中。它飞行时不慌不忙，多贴地面飞行。主要以鼠类为食，也吃小鸟、蜥蜴、昆虫等，偶尔也吃植物果实和种子。

最佳仪态奖

2010年7月15日，在上海崇明岛，我看见震旦鸦雀[1]时，它正在芦苇地里张望，一会儿啄啄叶子，一会儿啃啃茎。就在

东方大苇莺

它对眼前的食物无能为力时，它的妈妈飞过来了，教它获取食物的技巧，在它心领神会后，母子俩便飞走了。这种雀现在是全球性近危的鸟种，仅限于黑龙江下游及辽宁芦苇地和长江流域、江苏沿海的芦苇地。它们常常用粉黄色的脚爪牢牢地钩住芦苇秆，就像一名手拿钢枪的小战士站在枝头张望。一发现有虫子，它们就会像啄木鸟一样用坚硬的嘴敲打芦苇秆，发出清脆的响声，把藏在芦苇皮里的虫子揪出来吃掉。

下午在一片绿油油的草丛中，我发现了东方大苇莺。它的羽毛还未长丰满，娇小可爱，立于草尖，晃晃悠悠的。但由于年龄太小不能自食其力，所以它只能尽量站得高些，寻找妈妈的身影。

2010年12月，我到海南三亚休假。一天，我来到小河旁，突然一只惊起的飞鸟急促地在眼前掠过，随即便弹落在远处的一根细小的竹竿顶端观察动静，似惊魂未定，这是一只普通翠鸟[2]。翠鸟常出没于开阔郊野的淡水湖泊、溪流

1 震旦鸦雀　　雀形目　　鸦雀科
中等体型（18cm）的鸦雀。黄色的嘴端有较大的嘴钩，黑色眉纹显著，有狭窄的白色眼圈，体黄。栖息于我国东部湿地的芦苇丛中。

2 普通翠鸟　　佛法僧目　　翠鸟科
体小（15cm），具亮蓝色及棕色的翠鸟。上体金属浅蓝绿色，颈侧具白色浅斑，上体橙棕色，颊白。

翠鸟一静

及运河等，性格比较孤僻，常单独或成对活动。最喜欢栖于岩石或探出的枝头上，转头四顾寻鱼，然后入水捉之。这时袅袅的灰烟渐渐地消散在氤氲的晨雾中，一切都渐渐地清晰了起来，它仍立于杆头，一动不动，目不转睛地盯着水面。我按响快门，把它那不平凡的美定格在了那一瞬间。

翠鸟一动

灰椋鸟

　　下面是一组椋鸟①的照片，它们有的立于枝头，眺望远方，有的口叼小虫，在食用前，还不忘先洗洗然后再下肚，很是注意卫生。它们的习性大都为地栖性，有的为树栖，喜欢结群。叫声嘈杂，善仿其他鸟儿的叫声，有些种类在饲养条件下可学人语。椋鸟的食物多变，有些种类是吃昆虫的能手，巢常营造于树洞中。

1 灰椋鸟

雀形目 椋鸟科

中等体型 (24cm) 的棕灰色椋鸟。头黑，头侧具白色纵纹，臀、外侧尾羽羽端及次级飞羽狭窄横纹白色。雌鸟色浅而暗。

灰椋鸟

4 歌声各有妙

1 白尾鹞

隼形目 鹰科

灰色或褐色,具有显眼的白
色腰部及黑色翼尖。体型
比乌灰鹞大,比草原鹞也
大且色彩较深。缺少乌灰
鹞次级飞羽上的黑色横斑,
黑色翼尖比草原鹞长。

2 红嘴相思鸟

雀形目 鹟科

体长13~6cm。嘴赤红色,
上体暗灰绿色、眼先、眼
周淡黄色。耳羽浅灰色或
橄榄灰色。两翅具黄色和
红色翅斑,尾叉状、黑色,
额、喉黄色,胸橙黄色。

给它们一个舞台,就可以得到一份意外的收获。鸟儿们在不同的背景下会展示不同的优美歌声,那动听嘹亮的声音在天空中荡漾,沁人心脾。

谁奏的天堂曲

在蓝天白云的映衬下,头顶上空的一声鸣叫吸引了我的目光。白尾鹞[①]展开双翼,快速地飞过,它尖锐的叫声响彻天穹,回音不断。它喜开阔原野、草地及农耕地,飞行比草原鹞或乌灰鹞更显缓慢沉重。主要以小型鸟类、鼠类、蛙、蜥蜴和大型昆虫等动物为食。

进入树林,各种鸟声便纷纷闯进我的耳膜,它们歌唱着生命的旋律:有轻声清柔的,有高声朗朗的,有浅吟低唱的,有热情奔放的……

发现红嘴相思鸟[②]的时候,就感觉它像在画里一样,艳丽的羽色,绝美的造型,令人叹绝,最妙的是它还善鸣叫,且鸣声婉转动听。它性格比较大胆,不甚怕人,所以我们能在欣赏它美妙的歌声的同时,还能看它俏皮的表演。

白尾鹞

红嘴相思鸟

｜北红尾鸲

雀形目　鸫科

全长约15cm，雄鸟眼先、头侧、喉、上背及翼黑褐色，翼上有白斑，头顶、枕部暗灰色，身体余部棕色，中央尾羽黑褐。雌鸟除棕色尾羽及白色翼斑外，其余部分灰褐色。

高高的树枝上，一只北红尾鸲[①]亭亭玉立，它喜欢蓝色的天空、绿色的田野和自由自在的生活。漂亮的形态，婉转的叫声，使它更有自信地站在小树枝头或电线上展示自我。但它今天却在高歌一曲之后，缄口不言，也许它是要留着嗓音做压轴之曲吧！可是，如此善歌善舞的它也难逃人类的捕杀，社会上一些人为了某种利益而在鸟飞行的路径上布上网子，以达到捉鸟的目的。在一次拍摄中，我就发现一只北红尾鸲在网上拼命挣扎，竭力想摆脱难缠的细网，它的眼睛看着我似乎向我求助，我立即停止拍摄，将其放飞。然后我找到设网之人，并纠正他的错误行为。经我一番解释后他也明白了许多，果然等第二天我再去的时候，网已被收走了。

　　经常是，一只鸟儿唱起来，其他各种各样的鸟都会逐渐被感染，敞开了喉咙演唱自己的拿手曲目，不一会儿，树林里便热闹非凡，一场众鸟演唱会就这样开始了！

　　谁勾的五线谱

　　海鸥成群结队地飞过来了，它们都不约而同地落在了电线上，有时单独停站在一根电线上寻找目标，有时列队在几条电线上，这儿一对，那儿一群，两只小腿来回跑动，就像是钢琴上跳动的音符。在这一场大型的钢琴演奏会

北红尾鸲

被网住的北红尾鸲

上，有的"擅离职守"，拍拍翅膀走人了；有的则"忠于职守"，继续站在属于自己的"琴键"上；有的抓住机会，填补空位，保证演奏会的顺利进行。

电线上的海鸥

5 红颜多薄命

被误杀的红嘴蓝鹊

如果鹊类也有选美大赛的话，那么红嘴蓝鹊①一定是胜出者。它拥有动人的外貌和优美的翔姿，就连自己也会情不自禁常回头孤芳自赏一番。它们把巢筑于树木的侧枝或高大的竹林上，觅食时经常结成小群在林间鱼贯穿行，偶尔也从树上滑翔到地面，跳跃前进。它飞翔的时候，由于鹊尾长曳舒展，随风荡漾，像波浪般起伏，造型极其优美。

然而，有一次在密云的一片菜地里，我却看见如此漂亮并且能捕捉虫子的红嘴蓝鹊被系在石头上的夹子夹住，可能是由于体小力薄难以挣脱，不幸死在了那里。也许当地人原本是想用夹子夹住野鸡或其他动物，它是不巧误入圈套，但看到如此美丽的鸟儿死去的模样，我很心痛和惋惜！

1 红嘴蓝鹊

雀形目 鸦科

全身长约65cm，上身蓝色，头黑色，嘴红色，尾十分长，发出多种不同的嘈吵叫声和哨声。

薄命的红嘴蓝鹊

被网住的大斑啄木鸟

灰头绿啄木鸟扑

鴷形目 啄木鸟科

体型中等（约27cm）的绿色啄木鸟。下体全灰，雄鸟前冠顶猩红色，眼先反狭窄颊纹黑色，枕及尾黑色。雌鸟顶冠灰色而无红斑，嘴相对短而纯。

2 大斑啄木鸟

鴷形目 啄木鸟科

体型约24cm，雄鸟枕部具狭窄红色带而雌鸟无。两性臀部均为红色，但带黑色纵纹的近白色胸部上无红色或橙红色，以此有别于相近的赤胸啄木鸟及棕腹啄木鸟。

死在网中的啄木鸟

　　另一种优雅的造型应该说人人皆知，那就是啄木鸟在树上捉虫子的模样了。一只灰头绿啄木鸟[①]依附在树上，耐心捉虫子。它工作非常积极，以至于常常会把一块树皮都啄得精光。每只啄木鸟每天能吃掉大约1500条害虫。在13.3公顷的森林中，若有一对啄木鸟栖息，一个冬天就可啄食吉丁虫90％以上，啄食天牛80％以上，甚至可以说，它们才是森林的保护者！然而，在北京的一个生态园内，悲剧又同样上演了，一只大斑啄木鸟[②]被网网住了。要知道，啄木鸟是不容易养活的，于是我马上找到网鸟人，和他进行面对面的沟通，敦促他赶紧把网给撤掉。他听从了我的劝告，将网撤掉了。但不幸的是，由于被网住的时间太长，啄木鸟已经死去。

　　不管个别人处于什么用心，但毕竟是把美丽的雀儿夹亡！把森林的保护神啄木鸟网亡！这多么让我们痛心啊！我们把这些画面暂时定格在此，就是要让那些曾经布网的、设夹的人们尽快纠正错误，并参加到保护鸟儿的行列中来，使那些美好画面永久永久定格。

第6章

闲谈世间情

成为生活永远的写照

多想此刻的满足

我也陶醉在此刻的美味中

似乎被同化了

大到以为我拥有了整个世界

把画面放大放大再放大

我下意识地捧起相机

生活就是这般简单

这一刻

陪我慢慢前进

把它刻成烙印

平铺那些心底的发现

我掀开梦的一角

你的声音零落成曲

你的尾巴轻轻翘起

这样就可以安安稳稳地睡

找个舒适的滋味

怕冷似的她注你怀里紧紧依偎

你的羽翼轻轻拍拍她的头

继续刻苦的摇摆

揉揉摔疼的小脑袋

眉宇的倔强是你不屈的张扬

扑棱着翅膀 学着振翅飞翔

1 温馨的亲情

　　人们常说"世间万物皆有情"，鸟也一样，只是平常我们没有去仔细观察，认真体会。现在就让我们拿着放大镜来好好品味一番鸟的情感。

母爱

人们常说，母爱是世间最伟大、最无私的感情，对人而言如此，对鸟儿来说，也是如此。

伟大的母爱

这是一个记录母子情的简单故事，主人公的名字叫凤头䴙䴘[1]。2010年7月，我和影友参加大庆活动期间，来到湿地外围进行拍摄。突然看见远处一只凤头䴙䴘在水面上前行。它善于游泳和潜水，常潜入水下数米的地方捕食软体动物、虾、蟹、小鱼等动物性食物，有时也吃一些水生植物。

1 凤头䴙䴘

䴙䴘目 䴙䴘科

体型约为50cm，外形优雅的䴙䴘。颈修长，具有明显的深色羽冠，下体近白上体纯灰褐色，嘴形长。

凤头䴙䴘

黑卷尾母子

通过长镜头我发现它的翅膀似乎有点异常，我们决定一探究竟。经过一段时间的仔细观察，发现它的翅膀下居然夹着一只小宝宝，这真是让我们感到惊奇！宝宝的妈妈在水面上游动时，还不停地张望周边的环境是否安全，同时好像还在测试水的温度是否合适，当它感觉一切正常了，才让宝宝露出头来熟悉周围环境；又过了一会儿，它让宝宝爬到自己的背上观看游泳动作；太阳出来了，妈妈又把宝宝轻轻抖到水里，让宝宝跟着她学习游泳，还不断回头鼓励宝宝呢。

2010年夏，我去野鸭湖的路上发现一只黑卷尾[①]。它不停地飞来飞去，时而落在枝头上，时而落在树干上，好像在寻找着什么，又好像是在等谁。经过观察，终于有了答案。不一会儿，它的妈妈衔着美食来到它的身旁，并口对口地给宝宝喂送食物。因为它们是在空中飞翔时捕食飞行昆虫，所以，在饭后妈妈将宝宝带上高高的枝头，教宝宝怎样熟悉周围环境，怎样捕食。

黑卷尾

雀形目 卷尾科

全长约30cm，通体黑色，上体、胸部及尾羽具灰蓝色光泽；最外侧一对尾羽向外上方卷曲。

爸爸的关爱

2011年4月16日，天空格外蓝，大地异常静。鸟的鸣叫，划破了空气。只见一只头上顶着些许茸毛的小家伙，好像在急切地等待着什么。顺着它的眼光望去，远处，正有一只红尾水鸲在碎石和泥土之中来回翻找着什么。显然，寻找食物的过程并不容易，它已经来来回回走了好几趟了，可仍是一无所获。望着远处正张着嘴的小宝宝，它又投入到下一轮的寻找中去了。功夫不负有心人，终于，它发现在一块碎石下有一只小虫在蠕动着，它一个箭步飞奔过去，果断地将虫叼在口中，然后心满意足地回到宝宝身边。小家伙也很高兴，扑腾着翅膀欢迎爸爸的归来，随即便张大了嘴，急不可待地想得到美食。爸爸望着可爱的宝贝，也笑开了花，小心翼翼地将大餐递了过去，然后美美地欣赏孩子狼吞虎咽的模样。红尾水鸲比较特别，它们是父母育雏，所以爸爸喂宝宝也是很正常的事。待孩子吃完后，它又要去奔波了。但我想，它应该是感到很满足的，因为这一切都是为了它那可爱的孩子。

红尾水鸲喂食

骨顶鸡的家

雏鸟的等待

有一天清晨，露珠还在叶尖上打颤，我便出门寻鸟。穿过青色的"珠帘"，我忽然发现一个简易而温馨的鸟之家。这一家子傍水而居，十分惬意，而且家中的"小宝宝"（骨顶鸡雏鸟）很听话，正耐心地等待着外出捕食的妈妈。骨顶鸡常在稻田里的秧丛中和谷茬上筑巢栖息。主要栖息地是沼泽，在距水面不高的密草丛中筑巢。它们能频繁潜水寻食，在软土中或枯叶中探食，主要寻找无脊椎动物；粗喙的种类能扯下植物，吃种子、核果、嫩枝、叶等。

2 鸟儿也疯狂

鸟和人其实在情感方面有很多的共同点。它们也会互相鼓励、互相支持、互相帮助，这里既有同类之间的温馨，又有异类之间的和谐。

优雅舞姿的上映

2009年夏在吉林向海，天空澄碧，纤云不染，水面平静，水清见底，山光水色融为一体。鸬鹚常在海边、湖滨、淡水中活动。此时，它们正伸展着宽阔的双翼，时而挺脖昂首，神气如同将军；时而低头梳理，闲雅胜似仙人。对于我们的到来，它们处之泰然，这也与它们的本性不甚畏人有关。当它们展开美丽的双翅，翩翩起舞的时候，那优雅的舞姿多么像杰出的芭蕾舞大师！更难得的是，它永远都是和歌而舞，有时也会挑逗一下伙伴，跳一个交谊舞，有趣极了！但当它们栖止的时候，就会在石头或树桩上久立不动，俨然一个个忠于职守的战士！

1 鸬鹚

鹈形目 鸬鹚科

体型约90cm，有偏黑色闪光，嘴厚重，脸颊及喉白色。嘴及脚黑色。

鸬鹚

受伤的大麻鳽

不期而遇的心疼

2011年5月，我从新疆阿勒泰去布尔津，路边的芦苇呈现着一望无际的黄色，在风中，晃动着它们的脑袋，摆动着它们纤细的身段，妩媚动人。

在一片芦苇中，我发现一只大麻鳽[1]安静地站在那里。只见它头、颈向上垂直伸直，嘴尖朝向天空，和四周枯草、芦苇融为一体，不注意很难辨别。据我的初步判断，它好像在孵化，因为大麻鳽性格十分机警，一遇到干扰，就会立刻伫立不动，向上伸长头颈观望。所以为了不打破这平静，我慢慢地停车，摇下车窗，来观察它的动静，寻机捕捉它的镜头，但更重要的是想去体会它孵化完成后的那份喜悦！

静静地等了一会儿后，一辆大卡车的到来划破了这宁静。鸟儿似乎被这突如其来的喇叭吓得不轻，它极力想舞动翅膀，飞向高空，可此时我才意外地发现，它的翅膀居然受伤了，它仰天长啸，想寻求帮助，可回应它的只是这空旷芦苇荡中慢慢消失的回声，芦苇荡下是水，它艰难地前行着，倾尽全力向上飞，但却在离地面一米来高时，就无可奈何地落了下来，看着真让人心疼！我们立即决定下去营救它，但却被当地人阻止了，因为下面是一片雪化了的沼泽地，人不能下去，所以我们就只好忍痛离去，愿它能靠自己的力量重返蓝天！

身临其情的喜悦

不一会儿，我们来到布尔津县城北的一片小树林。树林南有一条小

1 大麻鳽

鹳形目 鹭科

身长70～80cm，具保护色，羽毛拟周围的环境。头顶黑色；上体皮黄色，具不规则黑色斑；下体皮黄色，前颈和胸部具棕褐色纵纹。

河，清水不停地流淌。树林北边有一个小村庄，放牧的人们把牛羊放在小树林中，再去干别的事情，两不耽误。

这里有红的、白的、紫的野花，被旭日柔柔地照着，空气里充满了甜醉的气息。每根青草，从杆到叶都是鲜绿鲜绿的，翠得闪闪发亮，临风摇曳，婀娜多姿。我们就在树林里寻觅鸟的踪影，这里到处闪动着明媚的阳光，到处炫耀着五色的光彩，到处飘荡着令人陶醉的香气，到处飞扬着悦耳的鸟叫虫鸣，这美妙鸣声不是在城里常常听见的麻雀的唧唧喳喳的俗叫，也不是开怀大笑的喜鹊，它那此起彼伏的鸣叫，只有亲临其境才能感受得到。

首先闯入镜头的是蓝喉歌鸲[1]。它一般栖息于灌丛或芦苇丛中，性情隐怯，常在地下作短距离奔驰，停下来休息的时候，它会不时地扭动尾羽或将尾羽展开，最喜欢潜匿于芦苇或矮灌丛下，飞行甚低，一般只作短距离飞翔，常欢快地跳跃来表达它愉快的心情。看来它今天很高兴，

1 蓝喉歌鸲

雀形目 鸫科

中等体型约14cm。喉部是栗色、蓝色及黑白色图纹，眉纹近白。上体灰褐，下体白，尾和嘴深褐，脚粉褐。

蓝喉歌鸲

稻田苇莺

穿了一件极有层次感的衣服，蓝黄相间，以黑色收尾，再点缀淡淡黄色，强烈的色差紧紧地吸引着我的眼球，再在尾巴上着一戳黄色，不张扬，但绝对有画龙点睛之效果。一切准备就绪之后，它便敞开喉咙引吭高歌，歌声嘹亮幽转，伴随远方的蒲公英随风飘扬。

在一片芦苇地里，我竟然发现一只稻田苇莺[1]玩起了空中倒挂。它的两只小脚抓住细细的芦苇秆，然后将头伸向另一处去捕捉虫子，我不得不为它高超的技术喝彩。

大山雀

随后在密密麻麻的树缝中，我发现了大山雀。它常把巢筑于天然树洞中，主要吃昆虫和植物的果实与种子等。果然，它小巧的身子正灵活地穿梭于各个枝丫之间，找寻食物呢！

在另一棵树上，我看见了紫翅椋鸟[2]，它多栖于村落附近的果园、耕地或开阔多树的村庄内，常停在树枝上，不停地来回走动，偶尔也会环顾四周，观察一下动静。突然一声尖锐的叫声吸引了我的注意力，放眼望去，只见它威风凛凛地立在那儿，眼下有一条垂直向下的黑色条纹，我顿时明白，它就

紫翅椋鸟

---

1 稻田苇莺　　雀形目　　莺科

体型略小（14cm）的平淡棕褐色苇莺。白色眉纹甚短，其上具模糊的黑色短纹，背、腰及尾上覆羽棕色。下体白，两胁及尾下覆羽沾棕黄褐色，且通常过胸。

2 紫翅椋鸟　　雀形目　　椋鸟科

中等体型约21cm，具不同程度白色点斑，身体羽毛新时为矛状，羽缘锈色而成扇贝形纹和斑纹，旧羽斑纹多消失。嘴呈黄色；脚略红。

雌红脚隼

角百灵

是红脚隼[1]雌鸟。它通常筑巢于悬崖、山坡岩石的缝隙、土洞或树洞中，食物以肉食为主，在鸟类中算是一种比较凶猛的鸟。

接下来各种各样的鸟都热闹起来了。有低头啄哩羽毛的角百灵[2]，它善在地面上奔走，受惊扰时常藏匿不动，因有保护色而不易被发觉。平时在地上寻食昆虫和种子，主要以草籽、嫩芽等为食，也捕食昆虫，如蚱蜢、蝗虫等。

1 红脚隼　　隼形目　　隼科

体型约30cm，臀部棕色。上体偏褐色，头顶棕红，下体是稀疏的黑色纵纹。眼区近黑，额、眼下斑块及领环偏白。嘴呈灰色，脚橙红。

2 角百灵　　雀形目　　百灵科

雄鸟上体棕褐色至灰褐色，前额是白色，顶部是红色，在额部与顶部之间有宽阔的黑色带纹，带纹后两侧，有黑色羽毛突起。颊部白色且有黑色宽阔胸带，尾为暗褐色，雌鸟似雄鸟，但头侧无角状羽，且头部图纹别致。

有俏立细枝的黑喉石䳭[1]，它喜欢开阔的栖息地，如农田、花园及次生灌丛，常栖于突出的低树枝，以便快速跃下，到地面捕食猎物。有身穿棕色风衣的新疆歌鸲[2]，它就是人们常提起的"夜莺鸟"，常常栖息在茂密的低矮灌丛及矮树丛中，往往是只闻其声，难见其影，在中国十分罕见。

1 黑喉石䳭

雀形目 鹟科

中等体型约14cm，雄鸟头部及飞羽黑色，背深褐，颈及翼上具粗大的白斑，腰白，胸棕色。雌鸟色较暗而无黑色，下体皮黄，仅翼上具白斑。

2 新疆歌鸲

雀形目 鹟科

体大（16.5cm）的褐色歌鸲。尾棕色，下体偏白，体圆而嘴细，鸣声出色而备受赞赏。

黑喉石䳭

新疆歌鸲

灰鹡鸰

1 灰鹡鸰

雀形目 鹡鸰科

中等体型约19cm,腰黄绿
色,下体黄。与黄鹡鸰的
区别在上背灰色,飞行时
白色翼斑和黄色的腰显
现,且尾较长。嘴黑褐;
脚粉灰。

有腹部金黄、尽显富态的灰鹡鸰①,它飞行时两翅一展一收,呈波浪式前进,常沿河边或道路行走捕食,主要以昆虫为食。数不胜数的鸟儿各展风韵,各领风骚。

大小搭档的和乐

第二天,在一片草地上,和煦的阳光照下来,在草地上跳跃,闪着粼粼的波光。一牛一鸟,反差如此巨大的两种动物,却展现了一幕幕和谐画面:小黑鸟来回扑腾着,一会儿和牛腿来张合影,一会儿又去亲吻它的鼻尖,忙得不亦乐乎;每次捉到虫儿后,小黑鸟都会抬头挺胸,气宇轩昂地走到老黑牛跟前,去好好炫耀一番,然后美美地把虫儿以及那极大的满足感吞下肚。它就这样乐此不疲地忙碌着,既帮助了别人又成就了自己,这样利人利己的一个大好机会,它当然得紧紧抓住,努力工作!

几天的新疆之旅结束后,我恋恋不舍地踏上返程路,衷心希望伤害能变为和谐,和谐能持续到永远。再见了,可爱的小鸟;再见了,美丽的新疆;再见了,那些淳朴的护鸟使者。

一牛一鸟

3 无怨无悔的追求

　　有人曾问我，你为什么选择拍鸟？当时，我也很难说清，是爱好？是好奇？是责任？可能是兼而有之吧！说爱好，我从小就喜欢摄影，还跟我老师学显影、定影、上光，后来还自制印相机、放大机；当兵后，一台二手上海牌202型折叠相机曾伴随我多年，那时的我可谓是手不离相机，见啥拍啥，军事、风光、民俗没少拍，作品也曾多次获奖。说好奇，是源于2006年一篇题为"有人在天鹅迁徙的路径上投放毒药，毒死、毒伤很多美好生灵"的报道，我看后既难过，又愤慨，随即便打点行装赶去现场一看究竟，同时，我也开始有了通过拍照记录的方法，来展现鸟的美好，并通过这样的美好让更多的人来保护鸟类。说责任，作为一名军人，保护国家安全、维护社会稳定是我们的神圣使命，同时，保护鸟类和我们共同的生存环境也是我们的一份责任。大概正是这种种因素综合在一起，让我做出了一个决定：我要用我手中的相机和笔，拍下每一次遇到的鸟儿，并记下其中的故事，展现野生鸟类的生存状况，呼唤人们去关注鸟类和保护环境。

　　这一来，就是五年。五年的拍摄过程可以说是快乐、艰辛和痛心并存。让我快乐的是，每当通过镜头看到一只只鸟儿在飞翔时，心里就有说不出的愉悦；每当听到鸟儿的鸣叫时，我会像孩子一样兴奋地闻声寻去；每当拍到一种新的鸟儿时，就像儿时过年一样地高兴，逢人便讲，想尽快和大家一起分享。艰辛的是，我和影友经常要在零下20℃的低温或在近40℃的高温下等待，要忍受长途奔袭的疲倦，要承担在野外行走与在特殊天气时行车的危险。痛心的是，人们乱丢垃圾、污染水源，导致鸟儿生存环境遭到破坏，还有人在鸟儿迁徙和飞行路径上通过布网、投毒、设夹子等违法行为来猎杀鸟儿。

　　多年下来，我的这种执著和追求，逐渐被周围的人所认可，也获得了家人的理解和支持。更加令我欣慰的是，已有不少人受我感染而加入这一行列，和我一起去拍鸟，到各地宣讲保护鸟类的意义。千里之行，始于足下。尽管我们力量有限，但只要坚持下去，相信会有越来越多的人来保护鸟类、关注生态平衡，毕竟地球是我们共同而唯一的家园。